[日] 岸见一郎 著　郑舜珑 译

勇气的源泉

岸见一郎全解阿德勒

アドラー人生を生き抜く心理学

上海文化出版社
SHANGHAI CULTURE PUBLISHING HOUSE

果麦文化　出品

目 录

序 章

何谓阿德勒心理学
——反常识的勇气

怀疑常识

在十九世纪后半叶的维也纳，未来将大大改变心理学历史的大师们如繁星般一位接着一位出现。但是，在欧美早已和弗洛伊德、荣格齐名的阿德勒的名字，在日本却鲜为人知。

阿德勒并非盲从既有的价值观，而是从彻底怀疑社会、文化的价值观展开他的论点。这不代表他认为既有的价值观是错误的，而是因为在社会或文化中，被视为有价值的事物，绝非一开始就显而易见。即使是显而易见，也最好要回归白纸一张，重新思考。

并非所有的人都一样

心理创伤（Psychological Trauma）、创伤后应激障碍

（Post-traumatic Stress Disorder，简称PTSD）这些名词，是从1995年的阪神大地震之后，才开始在日本被广泛使用。即使对心理学没有研究的人，现在大概也都认识这些名词。人在遭遇重大自然灾害、事故、事件时，内心会受到伤害。而这些遭受心理创伤的人，会产生强烈的抑郁、不安、失眠、噩梦、恐惧、无力感、颤栗等症状。

这些症状一定会对当事人的心理造成强烈的打击，这一点毫无疑问。但有些人在往后人生的各个阶段遭遇不顺时，都把原因归咎是心理创伤造成的，这样的想法真的没有问题吗？

大阪池田的儿童杀伤事件发生之后，某位精神科医师接受电视台访问时，他是这么回答的：与这次事件有关联的小朋友，即使现在看起来若无其事，等他活到人生的某个阶段，"一定"会发生问题。

我们想想，这些小朋友以后会慢慢长大成人并结婚对吧？他们的婚姻生活中难免会有不顺遂的时候，而幼年曾经身处事件发生现场的经历，就一定是夫妻相处不和谐的原因吗？婚姻生活不顺利，问题应该是出在两人之间的相处方式才对，怎么会跟发生在遥远的过去的某个事件有关。就像有人会把自己的犯罪归咎于贫穷，但是另一个认识他的人知道这件事后却说："大家都一样穷啊。"

总的来说，人并非经历同样的事情，就会产生同样的结果。地震造成的伤害非常巨大，确实需要很长一段时间的复原。但没有人可以否定这个事实——大多数的人都重新站了起来，回归学校、职场，就像地震发生之前一样。

原因论的问题

即使把现在问题发生的原因，归咎于过去发生的事情，也无法解决眼前的问题。想要处理"问题"，唯一的办法就是思考我接下来该怎么做。若朝向过去寻求目前问题发生的原因，会让人回想起一些过去从未注意到的事件。有些精神科医师和心理咨询师会帮助患者做这样的回想，并对他说："这不是你的错。错不在你。"

确实，患者被这么安慰，心情会轻松许多。"把过错怪罪在别人身上就好了，都是因为别人的错，所以自己才会这么痛苦"，我曾在某位心理咨询师的书中看到这段话。

仅仅只是把过去的陈年往事一件一件翻出来，根本没有解决任何事情。这就像病人在医院被医师诊断得了感冒，但医师却没有做任何治疗或用药一样。即使医师对引起感冒的原因做了多么详细的说明，病人的感冒症状并不会因为他的说明而有丝毫的改善。

如果能够查明原因，并借由改变原因来改善症状，这样的想法是可行的。但问题是，假设过去的事件真的是目前的问题发生的原因，那么想要改变这个原因，只有搭时光机回到过去才有办法。这也表示，问题将永远无法解决。

但是，有些人很希望自己的过去就是问题的原因。被安慰告知"不是你的错"的人，很容易把至今活得很痛苦的原因归咎于父母，认为父母的教育方式有问题，然后责怪父母。因为他希望错的不是自己。但就算他持有这样的想法，接下来还是得思考自己应该怎么做才有办法脱离目前的状态。思考接下来要怎么做时，眼光是看向未来而不是过去。这就是我们接下来要详细介绍的，阿德勒的想法。

一切取决于自己

阿德勒并非主张过去的事件、父母的教育方式、环境等等完全不会对人造成影响，而是认为人不会完全受制于外界的刺激与摆弄。他认为人应该不会被不安、愤怒等感情，或者被其他拥有强制力的事物所左右，强迫自己选择一个与意志相反的事物。

但是，对于做什么事对自己有益，或是做什么事能让自己得到幸福这件事，人确实有可能误判。阿德勒心理学的特征就在于：它明明白白地教大家如何活得幸福，如何坚强地活下去。

阿德勒说的话有时听起来很严苛，但对于那些活得很痛苦的人来说，这些话其实是代表希望的话语，因为阿德勒不要你从过去的事件中寻找原因，而是告诉你接下来应该怎么做。

阿德勒说过："想要理解一个人并不容易。个体心理学很可能是所有心理学当中最难学习，也是最难实践的一种。"（阿德勒《儿童教育心理学》①）虽然阿德勒对于自己创立的个体心理学理论下了这样的注解，但这个理论并不难理解。只是，或许会有人对阿德勒的想法产生抗拒，拒绝接受这样的理论。

过去，阿德勒的思想曾被誉为领先时代一个世纪的思想，如今已经获得证明。阿德勒死后将近一个世纪的现在，我们发现，时代仍没有追上阿德勒。人类直到目前，仍不肯用真实的勇气，面对阿德勒构想的世界。

那么，学习时代先驱者阿德勒的思想究竟有什么意义呢？关于这点，我相信大家只要继续往下读，就可以逐渐明了。

---

① 以下，凡是引自阿德勒的著作，只标示书名。

第一章

与弗洛伊德的相遇与诀别
——追求真理的勇气

超越自卑感

我秉持阿德勒的想法从事心理咨询已经有很长一段时间了，几乎可以说，至今我未曾见过一个充满自信的人前来咨询。大家不介意的话，我想先从我个人的过去谈起。从小我的个子就比别人矮。我曾深信，假使我没这么矮，我的人生应该会更加顺遂。当然，每次跟别人吐露这件心事时，对方总是回应：什么嘛，这又不是什么大不了的事。

当我后来听到别人的励志故事，比如贝多芬是音乐家却失聪。贝多芬的第九交响曲首演时，由他亲自指挥，但曲子结束时，他却没发现观众正为他热烈鼓掌。这时我又不得不觉得，自己的烦恼实在微不足道。

即使如此，对我本人来说，个子小是很重大的问题。事实上，来找我咨询的患者，很多人都不是为了真正会对生活造成实际障碍的缺陷而来，大部分都只是在意自己的容貌和外表。有些客观来说已经算是美女的人，却自认不够美，或担心自己的容貌衰老。一些看起来已经很瘦的人，常因为觉得自己太胖而感到痛苦不已。

我自认自己不可能因为外表获得别人的赞赏，为了不输别人，我死命地用功读书，但其实这样的动机并不单纯。

像这种与他人相比，觉得自己矮人一截的感觉，就称作"自卑感"。为了克服这种自卑感所付出的努力，就称作"补偿作用"。现在，"自卑感""补偿作用"这些名词早已广为人知，大家都会使用。而历史上第一个使用这些名词的人，就是本书的主角阿尔弗雷德·阿德勒。

除了这种主观的自卑感，阿德勒把贝多芬这类的案例中，会对生活造成障碍的身体缺陷称作器官缺陷（Organ Inferiority）。但不是有着器官缺陷的人，就会产生自卑感，器官的障碍本身并不是真正的问题所在。事实上，大多数的人都能够克服身体的障碍，并坚强地活下去。

如同我在序章中提到的，人不会因为过去的经历或周遭发生的事情，被迫决定过着现在的生活。阿德勒从器官缺陷的研究开始，树立了至今仍价值不朽的心理学理论。本章将带大家看看，阿德勒和弗洛伊德是如何相遇，以及阿德勒的学说如何与弗洛伊德的学说出现本质性的对立，使得两人分道扬镳的经过。

与弗洛伊德的相遇

1870年，阿德勒出生于维也纳郊外鲁道夫斯海姆地区的犹太人家庭。背负着家族期待的他，进入维也纳大学的医学院就读。当时，精神科并不是必修科目，所以他读大学时没接受过精神科医师的训练。阿德勒在学校时，弗洛伊德开了一堂讲述歇斯底里症状的课，但阿德勒并没有选读那门课。阿德勒还要好几年以后才会认识弗洛伊德。

大学毕业后，他成为眼科医师。1897年结婚后，他独自行医，成为内科医师。根据阿德勒的友人，同时也是小说家的费利斯·波特姆的描述，弗洛伊德的《梦的解析》在1900年出版时，《新自由报》刊登了一篇嘲笑弗洛伊德的报道，对此，阿德勒投稿拥护弗洛伊德。

以弗洛伊德在现代的名声来说，这件事听起来匪夷所思，但在当时的维也纳医学界，嘲笑弗洛伊德是很流行的事。当时，弗洛伊德并不认识阿德勒，但阿德勒已成为维也纳非常有名的新锐医师，因此他的拥护相当具有分量。对阿德勒来说，与大部分医师学会的人站在相反的立场，也需要相当的勇气。弗洛伊德看到报道之后，写了一张感谢的明信片给阿德勒，并邀请他参加由自己主办的精神分析非正式研讨会（也就是著名的"星期三心理学会"的前身）。但是，事实上这份报纸并没有刊登《梦的解析》的评论报道，也找不到阿德勒的投稿，因此阿德勒和弗洛伊德究竟是怎么认识的，目前我们仍所知有限。

根据为阿德勒作传的作家，同时也是美国心理疗法专家爱德华·霍夫曼描述，最可靠的说法是：维也纳医师威廉·史克泰尔为了减轻心因性阳痿的症状，在弗洛伊德的治疗下，很短的时间内就获得成功的疗效。史克泰尔医师十分感佩弗洛伊德的洞察，于是在1902年时，游说弗洛伊德成立一个组织，让其他对弗洛伊德的治疗方法感兴趣的同事能够每个礼拜聚会一次（霍夫曼《阿德勒的生涯》）。弗洛伊德当时虽然已经成为专家，但总觉得孤立无援，所以非常欢迎这个提案。他给史克泰尔以及其他三位维也纳医师寄出明信片作为邀请函，邀请他们来自己的诊疗室开非正式的读书会。而参加读书会的五个人之中，最年轻的成员就是阿德勒。弗洛伊德写给阿德勒的明信片内容如下：

亲爱的同事：

很高兴告诉您这个消息，我正计划和我的同事及门生组成一个小团体，每周一次，晚上八点半在我家召开读书会，题目是心理学与神经病理学，非常有趣。莱托勒（Lightoller）、麦克斯·卡哈内（Max Kahane）、史克泰尔也都会来，不知您愿不愿意参加？聚会从下个星期三开始。不知您可否前来。又，星期三晚上这个时间可以吗？

期待听到您的好消息。

来自您的同伴的诚心邀请

弗洛伊德

　　弗洛伊德邀请阿德勒的时间点是1902年11月。数十年后，阿德勒把活动的据点转往美国。他把弗洛伊德写给自己的这张以"亲爱的同事"作为开头的明信片拿给美国新闻记者看。这两人的交情后来因为学说的差异而决裂，但阿德勒常被人误会是弗洛伊德的门生。这张明信片正好证明了他和弗洛伊德是对等的研究者，而且是弗洛伊德主动向他寻求知识上的往来，而非外界所认为的那样。无论如何，弗洛伊德邀请阿德勒这个举动，不只改变了阿德勒之后的人生，更是改变了整个心理学的历史。

　　阿德勒、莱托勒、卡哈内、史克泰尔照着明信片上约定的日期来到弗洛伊德所住的公寓。他的公寓有一间很宽敞的诊疗室，他们在里面的候诊座位上展开热烈的讨论。初期的聚会，这些同伴一定都是和颜悦色、热烈地讨论各种议题，这种气氛会给人一种温暖的一体感。

　　弗洛伊德认为，所有人之中就属阿德勒的意见最具创造性，也最敏锐。他们两人虽然互相尊敬，但没有成为好友。由于最初四年的议事录没有被留下来，所以我们并不清楚阿德勒在这个读书会中受到何种影响。

器官缺陷

阿德勒早在和弗洛伊德一起做研究的时候，就把会对幼儿生活产生障碍的身体缺陷称作"器官缺陷"，并研究它对于性格形成所造成的影响。

1906年，阿德勒在星期三心理学会发表了一篇题为《精神官能症的器官性基础》的文章。这篇文章是阿德勒即将出版的第一本著作的摘要。

事实上，所有的精神官能症都是由器官缺陷，特别是特定的器官功能低下（例如视觉器官或听觉器官的功能障碍）引起的。其次，性功能障碍发生的主要原因，也大多源自身体先天上的缺陷。因为，体质的弱点会对性能力造成影响。再次，有器官缺陷的人为了适应社会，会试着去克服他的障碍。克服障碍的过程就称作"补偿作用"，而且常常会过度补偿，因为不知道要补偿到什么程度才够。听不见声音的贝多芬，或是先天口吃的古希腊演说家狄摩尼西就是最好的例子。这第三个论点，让与会者，特别是弗洛伊德眼前一亮。

阿德勒之所以提出器官缺陷的理论，与他的成长背景有关。他小时候曾罹患佝偻病，无法随心所欲地活动。他的父母为了锻炼阿德勒的体力，想办法鼓励阿德勒多到户外玩耍。他们在维也纳郊外的住家后面有一片广阔的草地，阿德勒在那里和许多朋友一起玩一些激烈的游戏，不久，他的佝偻病就完全好了。他不仅病痊愈了，而且很会替朋友着想。个性活泼的阿德勒变得人见人爱，不管走到哪里都受人欢迎。

另一个背景则是，阿德勒于1897年结婚后没多久，就在有名的游乐园入口处——普拉特地区的彻尔尼巷七号，开业当内科医生，他在那里替一群在游乐园工作的人进行治疗。通过这个经历，阿德勒看见这些靠体力与技能营生的人，都曾为身体先天的孱弱所苦，但后来都靠着自己努力克服这些弱点。

他在这个时候发表的文章，最后都集结在隔年即1907年出版的《器官缺陷的研究》中。弗洛伊德基本上认同阿德勒对于器官缺陷与补偿作用的想法，但他感觉这个想法会影响到自己的学说，也就是性冲动（Libido）是人格形成的基础。

阿德勒原先认为身体上先天的孱弱以及因为孱弱产生的自卑感若没有被克服，会使人产生精神官能症，但后来他放弃这样的想法。即使如此，弗洛伊德仍不认同补偿自卑的欲望可以从性冲动以外的形式去理解，而这正是阿德勒的想法。

攻击冲动

阿德勒的《器官缺陷的研究》出版的那一年，学会内部出现很大的变动，会员人数增加到二十二人。随着学会规模变大，内部的气氛也跟着改变。隔年，星期三心理学会改名为"维也纳精神分析学会"。学会最开始那种温暖的一体感消失了，会员彼此之间互相斗争，进行人身攻击。但阿德勒并没有卷入这样的斗争中，反而扮演调停纷争的角色。

阿德勒与弗洛伊德分道扬镳的诱因之一，就是他发表了关于"攻击性"的理论。阿德勒在《一般人与精神官能症患者的攻击冲动》这篇1908年发表的论文中，谈论性冲动与攻击冲动的存在。这两种冲动的目标都是获得快乐，对于前者的论述已经包含在弗洛伊德的理论之中，所以阿德勒把焦点放在对于后者攻击冲动的论述。

"从孩子第一次面对外在敌对环境的姿态（往往是第一次哭泣的时候）便可得知。仔细检讨这个现象后我们了解到，这样的态度通常来自一个人无法使器官获得快乐时。这种状况，以及对于个人的周遭采取敌对、好战的态度所衍生出来的人际关系就是选择战斗，借此满足个人需求，我把这样的冲动称作攻击冲动（Aggressionstrieb）。"（《治疗与教育》）

小孩子一出生就希望可以得到快乐，但他还太小，充满敌人的周遭世界妨碍他获得快乐。为了获得满足而涌起战斗欲望的动力，会使小孩子成长。原本的攻击冲动是以比较纯粹的形式被表现出来，像是打人、咬人，或作出让对方感到害怕的事，等等。长大之后慢慢会演变成运动、竞争、决斗、战争、支配欲望、不同人种之间的斗争等具有破坏、攻击性的行为。但相对地，攻击冲动也可以引导出对社会有用的行为以及天赋。

如同前面说的，除了性冲动之外，弗洛伊德不认为补偿器官缺陷的欲望有其他可能，他也不承认阿德勒所认为的，攻击冲动独立于性冲动、性欲望之外，直到后来弗洛伊德看到人们在第一次世界大战中的残忍行为，才承认人天生就有攻击冲动。

反倒是阿德勒自己后来否定了被弗洛伊德所认定的：人天生具有攻击冲动。阿德勒和弗洛伊德都因为第一次世界大战的关系，对于人的本性的立场产生一百八十度的转变。为什么会发生这种事？等后面我们讲到阿德勒学说的核心概念"共同体"（德语 Gemeinschaftsgefühl，又译为"社会情怀"或"社会意识"）的感觉时再来探究原因。因为这个概念不仅可以明显看出这两人在思想上的差异，也可以通过阿德勒对于人的本性的看法，探寻我们这个世界未来的走向。

阿德勒认为虽然攻击冲动可以归结于破坏性、攻击性的行为，但它同时也可以引导出有用的行为与天赋，若能注意到这一点，就可以知道"攻击冲动"这个名称取得并不适当。因为阿德勒暗示我们，攻击冲动可被引导转变（Kulturelle Verwandlung）成慈悲、同情、利他主义、关怀他人不幸等对社会有用的动力。至于什么东西促使这样的转变发生，阿德勒在1908年发表的论文中认为这个冲动是由"文化"决定的，但他在1914年出版的《治疗与教育》一书中，把该论文中的"文化"改成"与生俱来的共同体感觉"。

总之，阿德勒所说的攻击冲动，并非意味着潜藏于人心中偶尔会激烈出现的攻击本能，而是可以被引导，并且转变成为对社会有贡献的动力。阿德勒在提倡共同体感觉以及思考它的意义时发现了这个问题，随即转换观点，认为争吵或战争不应该归因于人的攻击本能。

情感欲望

同样在1908年，阿德勒写了一篇论文《儿童的情感欲望》。阿德勒在这篇论文中主张人皆有内在的情感欲望，这些欲望最后都会与"触、见、闻"等生物性的欲望合流（互相影响）。小孩子绝大部分的成长发展，都与如何恰当地引导这些复合欲望息息相关。

这种情感欲望在早期出现的状况"十分明显，很容易看得出来。小孩子就是希望被溺爱、被称赞，喜欢黏人，喜欢黏在自己喜欢的人身边，想要和他们睡在同一张床上。这样的欲望最后会演变成渴望获得充满爱的关系，他会开始爱身边的人，也会对于友情、共同体感觉产生爱的感觉"。

"小孩子绝大部分的成长发展，都与如何恰当地引导这些复合欲望息息相关……在他的冲动获得满足之前，应该迁回地把（小孩子的）欲望引导到文化上的表现。这样就可以把他追求爱的方法与目标提升到更高的层次。这时他内心就会产生纯粹的共同体感觉，只要他的目标被转换成其他形态，（小孩子）内心的共同体感觉就会觉醒……（但是）假如小孩子……无法（学习）等待，而只是想获得原始形态的满足，他的欲望将会转变为直接的、感觉性的欲望。"

如同前面提到的攻击欲求可以通过"文化"（后来被改为"与生俱来的共同体感觉"）引导转变为对社会有用的贡献一样，把情感欲望提升到更高的层次，可以使孩子心中的共同体感觉觉醒。

后来阿德勒对于溺爱提出强烈批判，他认为即使小孩子渴求溺爱或被称赞，也不应该直接满足他的欲望。因为"情感"可能会变成"溺爱"，"情感欲望一旦被引导到错误的方向"，一定要立刻引导回来。正确的方向要依靠共同体感觉指引，把他的欲望引导到对社会有益的事情上。

我们后面会看到，阿德勒正式提倡共同体感觉的概念，是在第一次世界大战的时候，也就是说，当他还和弗洛伊德一起活动的时候，这个思想已经在他心中萌芽了。

霍夫曼指出，弗洛伊德很可能没看到阿德勒写的这篇关于情感欲望的论文（霍夫曼《阿德勒的生涯》），假如他有留意到这篇论文，一定会对阿德勒把情感欲望独立于性冲动之外的观点提出异议。

不管是前面说的攻击冲动或是情感欲望，阿德勒把它们与性冲动同样并列为驱动人行动的力量，这意味着阿德勒认为驱动人行动的力量不止一种。就这点来看，他已经和弗洛伊德的见解出现差异，不过这时阿德勒的学说思想尚未发展到巅峰。综观以上分析，我们可以得知在1908年这个时间点，通过共同体感觉指引攻击冲动与情感欲望宣泄方向的这个观点，已经在阿德勒心中悄悄萌芽，并开始构思这个理论了。

与弗洛伊德分道扬镳

1910 年冬天，随着学会发展日益兴盛，弗洛伊德觉得自己逐渐被大家疏远。这个时候的学会，除了原本以阿德勒为首的维也纳成员，还包括匈牙利的费伦奇、英国的琼斯、瑞士的荣格等人也都加入了，但阿德勒和这些人并不亲近。

1910 年，精神分析学会的第二次国际会议在德国的纽伦堡召开，并在当时成立"国际精神分析学会"。被选为会长的，是来自苏黎世的荣格。这对于学会元老的维也纳学派来说，并非是值得高兴的消息。他们对于这样的人事安排表达出强烈反对。

当初的提案本来是让荣格担任终身会长，但最后的妥协方案，变成国际精神分析学会会长的任期为两年，并由阿德勒担任议长以及学会的期刊《精神分析中央杂志》的总编辑。

至于维也纳精神分析学会的性质，也从原本的共同研究转变为成员之间的激烈竞争。由于会员人数增加许多，原本的场地不敷使用，阿德勒提议把场地移到咖啡馆，但却被否决了。弗洛伊德不喜欢咖啡馆的氛围。就这样，学会的气氛变得越来越拘束了。

就在这个时间前后，阿德勒开始发展出和弗洛伊德相左的见解。前面提到的，阿德勒在1908年时提出攻击冲动的概念，对于这个概念，他后来（1931年）是这么说的："我忽然想起，1908年的时候，我认为每个人都经常处于攻击状态中，并轻率地把这样的态度称作'攻击冲动'（Zwangsneurose）。"

这句话已经表明，阿德勒认为问题不在于用语的指称范围，而是认为这样的用语根本不适当。阿德勒接着说："但是我很快就醒悟过来，原来我处理的问题并不是人的欲望，而是人对于人生问题中的某一部分是有意识地觉察到的，另一部分却不愿去理解。于是，我慢慢理解到，人格之中包含与人际关系相关的特征，而且它的程度会因为人对于事实以及人生面临的困难被赋予何种意义而决定。"

如同阿德勒在这里提到的，当他开始把关注的重点从"欲望"转移到"赋予意义"与"人际关系"上时，就注定了他的思想将与弗洛伊德分道扬镳。

除此之外，阿德勒在1907年发表的《器官缺陷的研究》中指出，只有拥有器官缺陷的人会努力把力气放在补偿作用以及过度补偿上，但他在1910年发表的《人生与精神官能症中的双性化心理现象》中，更进一步提出新的论述：

"这些属于客观现象的器官缺陷，常常会引发人产生主观的自卑感。而这种自卑感会妨碍孩子自立，增加他希望获得支持的欲望，等等，对他个人生涯的各个时期都会造成影响。这一切的源头就来自当孩子小时候与大人面对面，感受到自己的弱小时开始。他从这份感觉中产生希望被支持、被爱，无论是心理或生理都希望依赖大人，产生从属于大人的欲望。假使他从小就主观地感受到自己的器官缺陷的话，这样的倾向会变得更加强烈。孩子的依赖心膨胀之后，会觉得自己软弱无能，当这样的想法越来越强烈，孩子的攻击性就会受到压抑，内心容易产生不安的感觉。"

孩子不仅把关注的重点从客观的缺陷转移到主观的自卑感，面对大人时还会觉得自己很弱小，阿德勒把这种感觉称作"男性倾慕"（Masculine Protest）。他认为这种感觉会过度助长男性倾向与女性倾向的发展。阿德勒在这时候视野又变得更加开阔了。

阿德勒不再像弗洛伊德那么强调性冲动，而是强调自卑感，把它作为精神官能症的基础，而且提出可以取代性冲动的其他要素，这已经使弗洛伊德的内心无法再保持平静。不仅如此，弗洛伊德的理论是从过去与客观的事实中寻求内心痛苦的原因，但阿德勒的见解却完全相反。阿德勒后来提出的"目的论"在这个时间点已经在他心中悄然萌芽，直到他完全明确地主张这个理论，此时对弗洛伊德来说，他俨然已经成为很大的威胁了。

弗洛伊德不允许阿德勒颠覆自己创立的体系，但是阿德勒是维也纳精神分析学会的主席，而且受到大部分会员的尊敬。弗洛伊德决定在阿德勒获得更多支持之前先下手为强。他安排大家在学会的聚会中，讨论阿德勒的理论究竟脱离了弗洛伊德的学说多远。虽然在讨论的过程当中，部分会员曾试着调和两者的学说，但弗洛伊德默许其他会员对阿德勒的"反性冲动倾向"发出猛烈抨击，使得阿德勒失去选择的余地。他辞去学会主席一职，而弗洛伊德被选为新任主席。

这时阿德勒依然是《精神分析中央杂志》的总编辑。于是，弗洛伊德写信告诉该杂志的出版者，表示自己无法和阿德勒共同担任编辑，迫使出版者必须作出抉择，从他们两人之中选择一人。阿德勒收到出版者的最后通牒时，并没有因此感到苦恼。他辞去总编辑一职，和其他三位同伴一起退出维也纳精神分析学会。那一年是1911年。

弗洛伊德的目的是讨伐异端，而阿德勒就是异端。一场决定弗洛伊德派的概念是正确的，抑或阿德勒派的概念才是正确的投票展开了。总共有二十一名会员投票。这场投票是由弗洛伊德提出的临时动议，"加入阿德勒新成立的团体，就不得成为维也纳精神分析学会的会员",赞成的有十一人,反对有五人,五人弃权。投票结果一出来,阿德勒的支持者同时起身,向大家感谢这些年一起历经的患难岁月后,随即离开。他们的目的地是维也纳的中央咖啡馆,阿德勒在那里,正等着他们一起来举行深夜的庆祝大会。

阿德勒与九位同伴(包括反对弗洛伊德的临时动议的五人,弃权之中的一人,以及一开始退出学会的三人)一起退出学会。接着,荣格也在1913年退出维也纳精神分析学会。这对弗洛伊德来说是相当沉重的打击。阿德勒曾悲伤地说:"我一直采取中庸的立场,不会强迫别人接受我的观点,也不会因为别人反对我而感到妒恨。"

个体心理学的诞生

就这样,阿德勒与弗洛伊德分道扬镳了。1912年,他创立了自由精神分析学会。从学会的名称来看就知道,阿德勒在当时依然受到弗洛伊德强烈的影响。但隔年,他随即把学会的名称改成"个体心理学会"。

阿德勒把自己创立的独特理论称作"个体心理学"。德语原文是Individualpsychologie,其中"个人的"(individual)一词,源自拉丁语中"无法分割"(individuum)的意思。换言之,人应被视为一个无法分割的整体。

阿德勒选择这个名称，是因为他对于个人的统一性，以及个人的独特性有着强烈的关心。换句话说，阿德勒关心的是眼前活生生的这个人，而不是普遍概念的人。

"把名称取作'个体心理学'的用意是，我确信心理的过程以及表现，只能通过个别的脉络理解，所有心理学的洞察应该从个人开始。"

阿德勒在个体心理学中，只追求两件事：一个是个体心理学必须是"在永恒的前提下"；另一个就是必须让所有人都能理解。

从下一章起，我们会开始介绍阿德勒的思想，并从中看见阿德勒追求这两件事情的意义为何。

第二章

从"原因论"到"目的论"
——不找借口的勇气

不是每个人都活在同一个世界

　　人并非活在同一个世界，而是活在自己诠释的世界里。阿德勒为了说明这件事，以一个人幼年时期的状况为例：

　　"举一个简单的例子，当事人面对同样的幼年时期可能会作出不同的解释。即使幼年曾遭遇不幸的经历，他还是可以作出完全相反的诠释。

　　"比如说，某个人认为自己已经完全脱离不幸的经历，而且以后可以回避同样的状况。此时，这人心里可能会这么想：'为了避免同样的不幸状况再度发生，我要努力让我的孩子在更好的环境中成长。'

　　"但是遭遇同样经历的另一个人可能想法又会不同：'人生真不公平。为什么别人都可以过得那么顺利？既然这个世界是这样对待我，那我为什么要对别人更好。'因此才

有不少做父母的人对小孩子有这样的想法：'我小时候也曾这么辛苦过，我都撑过来了，你们也应该要这样。'

"第三个人可能会这么想：'我小时候有这么多不幸的遭遇，不管我做什么都应该被原谅。'

"无论是哪一种，我们可以从他们采取的行动中，看出他们对自己的人生赋予什么样的意义。只要不改变诠释的内容，人就不可能改变行动。"（《儿童教育心理学》）

如何解释自己的幼年时期？用阿德勒的话来说就是如何"赋予意义"，方法有很多种。不只是过去，就连当下置身的状况也是一样。在上述的引用文后面，阿德勒接着说："个体心理学就是从这方面下手，挣脱了决定论的束缚。任何经历本身都不是成功或失败的原因。我们不应该放任自己因为经历的冲击——也就是所谓的心理创伤——而受折磨，而应该要从经历中找出合乎目的的解释。我们不应该被自己的经历决定，而是应该要通过赋予经历意义来决定自己。因此，当我们想把特定经验作为未来人生的基础时，很可能会作出错误的决定。意义并不是由状况决定。我们应该通过赋予状况意义来决定自己。"

请注意，阿德勒在这里使用了"决定论"这个名词。我们会把"某个原因必然归结于某件事情"这样的想法称作原因论。因此，它也是一种决定论。但是，人即使经历相同的事情，也不会产生同样的结果。因为即使经历相同，每个人对于经历都赋予不同的意义。无论是过去的经历或当下面临的状况，每个人赋予状况意义的方式都不一样。

在前面的引用中，阿德勒提到心理创伤之后，写道："（我们）应该要从经验中找出合适的目的。"想要知道这句话的意义，就要先知道阿德勒提出目的论的意义。这是和"某个原因必然归结于某件事情"的原因论完全相反的看法。

拯救自由意志

阿德勒认为，人在回应外在的刺激与环境时，并非是机械性的回应。想象一下当灾害、事件、意外发生时，如果是本人遭遇到，不用说，冲击一定很大；即使是家人或熟人因此受伤甚至死亡，对当事人来说，也会受到很大的打击。但不是每个人受到的影响都一样。即使是经历相同的事情，有人觉得心理受到创伤，也有人可以很快地从打击中站起来。因为人是行为者不是反应者，他可以决定怎么回应外在的刺激。

比如说，我现在手里拿着杯子，当杯子离开我的手，它一定会掉下去。但人的行为并非机械性的移动，只要当事人不想做，随时可以停止动作。但杯子只要离开手，往下坠落，就不可能停止移动。当然，假使人不小心从高处失足坠落，会发生和杯子一样的事情，但从高处往下跳的人和杯子不一样，他拥有往下跳的意志。所以，当人从高处往下跳时，就不能用杯子坠落这种机械性的移动来说明人的行为。

人的行为，在做之前会先有一个"我想做什么"的意图，会先订立目的或目标。当别人问我们"你为什么要做这种事"的时候，对方期待得到的回答是行为的意图、目标、目的，而非行为的原因。原因只是说明行为的一种方式。即使拥有同样的原因，也不代表每个人都会做同样的事。

某个杀人犯被问到"你为什么杀人"时，他回答"因为我很穷"。但显而易见地，不是所有的穷人都会杀人。又比如说，某起杀人事件的嫌犯被问讯杀人的动机时说："我的性格易怒，因为那个人说了让我不耐烦的话，所以我把他杀了。"我想这个理由大概没有人会信服。

贫穷和易怒性格或许真的会驱使人去杀人，但即使找出背后驱动的原因，也无法说明这个人的行为。比如说，我现在正在写稿，就只是因为我想写。你可以说，我这么做的原因绝非出于我的意志，虽然还不知道原因是什么，但只要弄清楚原因，就可知道事实并非是我想的那样，就算我自认为这个行为是我自己选择的，这样说得通吗？我只知道这种想法正好说明了，自己选择（通过自由意志作出的行为）的感觉有多么强烈，强烈到让人无法怀疑。

人的行为无法用原因完全清楚说明，人的自由意志会穿越种种原因，跑到最前面。如果说所有的答案都可以在必然之中找到，那么自由意志绝对是最显而易见、最鲜明的答案。不是别人，就是我，是我自己选择这么做，而不是因为某种原因强迫我选择。想象我们在做选择的时候，与其说我会这么做是背后有一股力量把我往前推，不如说是因为我想看清楚眼前的东西，所以自己往前迈出一步，这样的说法合适多了。

因此，就目的论的观点来说，人不是因为生气被逼得不得不大声说话，而是为了大声说话所以表现出生气的样子。不是因为内心不安不敢出门，而是因为不想出门所以表现出内心不安的样子。

先要有一个做什么或不做什么的目的，然后才开始思考达成目的的手段。也就是说，不是生气这个情感在背后控制着我，而是我为了迫使别人照我的话去做，所以使用生气这个手段。又或者我为了得到别人的同情，所以表现出悲伤的感情。

那么心理和身体之间的关系又是什么呢？我使用这个身体。身体和使用它的我是不同的个体。然而大脑是身体的一部分，所以是我使用大脑，而非大脑使用我。有些人因为脑梗塞、脑溢血使得身体无法活动，无法将大脑中所想的用言语表达出来，即使如此，我和我的大脑依然是两样东西，是我使用大脑，而不是大脑使用我。不管大脑的运作过程被研究得多么透彻，也无法用它来说明人的行为。

阿德勒会使用运动的观点来解释所有的心理现象，或许和他小时候得过佝偻病、身体无法自由活动有关。运动必须要有一个目标，然后朝那个目标前进。对于身体没有任何病痛、能够自由活动的人而言，这是理所当然、不会特别注意的事，但对阿德勒来说，却并非如此了。

这个运动并不只是物理性的移动，还意味着我们应该克服现实的困难，努力朝更好的境况迈进。以树木来说，树木不会移动，若旁边的大树挡到它，它便难以获得足够的日照，无法长得高大。但人可以移动，所以只要我们愿意，我们可以离开阴影，移动到有日照的场所。

善的选择

前面我以生气为例，说明人必须先有想要大声说话这个目的或意图，后面才会出现达成目的的手段，也就是生气。那么，大声说话的人，为什么要这么做呢？为了理解这个问题，我们要先从一个著名的苏格拉底悖论开始谈起："没有人有意为恶。"（柏拉图《美诺篇》）

听到这句话，应该会有人立刻提出反论："不是吧，为恶者很多啊。"否则怎么解释那些为非作歹的人。但对这些人来说，为非作歹就是"善"。这种情况下，"善"已经不是道德上的定义，而是"有好处"的意思。至少对杀人犯来说，他判断这件事是"善"（对自己有好处）。这种"善"的反面就是"恶",指的是"没有好处"的意思。

其实用不着举杀人这么极端的例子,用吃东西来比喻也行。比如说,明知吃零食不健康,但仍忍不住吃了,这是因为对吃零食的人来说,他在吃的当下判断这是一件"善"的事情。当然,对于生病或正在减肥中的那些必须限制饮食的人来说,即使肚子饿也不可以毫无克制地乱吃,所以尽情吃到饱这件事,对他们来说不是"善",换言之,这对他们"没有好处"。

像这样,人在做某个行为的时候,其实都是当下判断这件事对自己有好处,而这个好处,才是人做出某个行为的真正目的与目标。

内心没有挣扎

有人会说,有时候我们明明知道应该怎么做,却做不到。比如说,明知考试的前一晚应该用功到很晚,但最后还是睡着,醒来的时候已经是早上了。又或者以前面减肥的例子来说,有些人明知不可以再吃,但因为肚子太饿了,最后还是输给食欲。

以这个情况来说,这些减肥的人真的是明知不可为而为之吗?阿德勒并不这么想。阿德勒认为,这些人在吃东西的时候,真的不觉得自己不应该吃,他们做这个动作的时候,内心没有挣扎。他们不认为自己内心明知不该吃，身体却忍不住做出吃的动作，也就是没有意志输给身体这回事。

前面提过，阿德勒与弗洛伊德分道扬镳之后，把自己创立的心理学体系取名为"个体心理学"。个体心理学的德语原文"Individualpsychologie"中的"个人的"（Individual），拉丁文原意是无法分割的意思。他认为应该把人视为一个无法分割的整体，他反对把人分成心灵与身体、感情与理性、意识与无意识等所有二元论的论点。

阿德勒不单反对把身体的症状从整体中切割出来看，而且早在全息医疗（Holistic Medicine，其中Holistic源自希腊文holos，意为"整体的"）流行的五十年前，他就提出了和现代医学以及卫生保健的还原主义不同的论点，认为人不可分割，应以整体视之。

阿德勒对于弗洛伊德提出的意识与无意识的看法，也是他们两人的关系产生变化的原因之一。阿德勒认为，无意识并非意识之外的独立作用，它只是没有被察觉、被理解而已。即使意识和无意识乍看之下是矛盾的，但它们是人"唯一实在的，具互补性、合作性的部分"（《人为何会罹患精神官能症》）。

另外，阿德勒认为，情感会通过肢体动作表现出来，如颤抖、脸红、脸色发青、心悸亢奋等，由此可知心和身体应该被视为一体。心脏、胃、排泄器官、生殖器官等各个器官的状态，分别通过它最恰当的语言（脏器语言）即时地表现出来，让我们可以看出这个具有"不可分割的整体性"（Individual Totality）的人，他接下来的方向（《人为何会罹患精神官能症》）。

作为真正原因的目的

在前面提到自由意志时说到，最初的一步是由自己的决定而跨出。为什么他想这么做？因为他判断这么做对自己而言是"善"。

苏格拉底接受死刑判决后，直到死刑执行前都待在监狱，这是因为对雅典人来说，这么做是对的（善），他自己也认为这么做是对的，假如他认为逃狱才是"善"，那么他早就逃往国外了（柏拉图《克里托篇》）。只有这个"善"才是真正的原因，除此之外的原因都是次要原因。

亚里士多德把原因分成四类。以雕刻为例，必须要先有青铜、大理石、黏土，才能进行雕刻。这些东西就称作"质料因"（由什么做成）；其次，即使眼前有一块大理石，若没有雕刻它的人、也就是雕刻家，雕刻这个动作就不会发生，这称作"动力因"（动力的源头）；雕刻家在雕刻的时候，会先想象雕像的形状，要把它雕成什么东西，这时雕刻家脑中浮现的形象就是"形式因"（什么东西）；但光是这样还无法完成雕像，若雕刻家心中没有制作雕像的欲望，雕像就不会存在。他一定有某种目的，比如说是为了自己欣赏，或者拿去卖。这就是"目的因"，也可以把它直接替换成"善"。

这并不是指，阿德勒不处理亚里士多德提出的"目的因"以外的原因，而是把它当作主要的原因，借此来思考行为的目的。在针对行为提出"为什么"的时候，阿德勒使用"原因"这个词，指的不是"物理学上或科学上严谨的因果律"中的原因（《儿童教育心理学》）。他认为其他的原因都是从属于目的之下。比如前面说的身体的例子，大脑或脏器的生理性、生物化学性的状态或变化，应属于身心症的质料因，但就目的论的立场来说，这些变化并不会立刻引发症状。

身体的状态，例如前面提到的脑梗塞，由于发病部位在脑部，所以身体变得不听使唤。这时候患者的身体条件别说有什么动力把他往前推，反而还阻碍他往前。即使如此，还是有患者努力做复健，试着让自己往前移动一步、两步，为什么？因为他判断这么做是"善"，这个"善"（努力复健）就是他行动的目的。

即使没有生病，当我们身体感到疲累的时候，就算想要工作或念书，仍然会力不从心。但只要之前没有连续熬夜好几天，身体还撑得下去的状况下，应该还是有人可以办得到。所以，以阿德勒的讲法，这时候想睡觉不过是利用很困为理由，实际上是不想工作或念书，因为当事者判断当下这个选择是"善"，即使他事后会感到非常后悔。

因果关系的假象

刚才我写道，那个人感到非常后悔。其实包括后悔以及他考试前一天书还没念完就上床睡觉，这些行为对那个人来说都是"善"。不过，若做了这个行为之后，考试拿到坏成绩，相较于拿到好成绩，当然就称不上是"善"了。但是，说不定即使熬夜用功也是一样拿到坏成绩，那倒不如表现出"我已经努力过了，只是受不了睡魔的诱惑"（这样就可以证明，我是真的很想念书），或是"因为自己不够用功，所以才考得这么差，假如当时我没有睡着，就可以考得更好"的样子，让自己和别人都能这么看待自己，这是把责任转嫁给身体，目的是避免面对自己成绩考差的事实。换言之，他判断让自己活在"假如我再用功一点"这个可能性之中，对他来说就是"善"。假如不保留这个可能性，而是真正地拼死拼活念书，结果还是考不好的话怎么办？所以他选择不想面对这个现实。

当然，对当事人来说，他并不晓得自己有这样的行为目的。大多数的状况是，连本人也不了解真正的目的，也就是说他是在无意识的状态下做的。心理咨询的工作就是把这个尚未被人察觉，或者说未被人理解的无意识的目的意识化。

在意识化之前，当事人只能通过原因论理解目前自己的状态或行动。他不知道还有别的见解。在考试前一天晚上很困所以睡着了，这是原因论，实际上真正的目的就如同刚才说明的，是不敢面对现实，害怕自己即使拼死拼活地念书也没办法拿到好成绩。

有时候，我们为了正当化自己的行为，会在事后找理由。那些不想去上学或工作的人，会想出一个让自己与周遭的人都接受的理由，认同自己不去学校的行为。比如说，他可以解释说早上起得太晚，或前一天睡不好。有时候甚至会出现肚子痛、头痛的症状。小孩子只要向父母诉说这些症状，父母不可能会勉强孩子去上学。于是，父母会联络学校，替孩子请假，孩子就可以名正言顺地不去上学。但没多久，父母会发现孩子刚才说的那些症状都好了。这不是小孩子说谎，而是他真的肚子痛、头痛，只是目前的状况已不再需要这些症状，所以他的病痛就自然消失了。

大人的情况就稍微复杂些，但基本上还是一样。以孩子请假不去上学的例子来说，小孩子要先订立一个不去上学的目标，然后想办法把它化为可能，也就是创造出能够说服父母亲的症状。这和罪犯以自己贫穷、性格易怒作为理由一样。一开始，他必须先有犯罪的目的，然后再找一个理由将此目的正当化。

这些理由被拿来当作原因。利用某个原因来说明目前发生的事情或状态，阿德勒把这样的行为称作"因果关系的假象"（《自卑与超越》）。所谓的"假象"，指的就是实际上并没有因果关系。意思是，本来没有因果关系，但当事人表现出让人觉得有因果关系。

阿德勒举了下面这个例子。有一只经过训练后会跟在主人身边走的狗，某天它被车撞了。这只狗很幸运地保住了性命。之后，它又跟着主人出门散步，但只要走到发生事故的"那个地方"，它就开始害怕，裹足不前，一动也不动。之后，它甚至连靠近那个地方也不敢（《自卑与超越》）。

以这只狗的例子来说，这是属于PTSD的案例，它把遭遇事故的原因归咎于场所，而不是自己的不注意或经验不足。我在念中学的时候曾遭遇交通事故，事故发生后，有一阵子我真的一点都不想靠近那个地方。但上学的路只有一条，我没办法避开。其实，发生事故的"场所"本身并没有什么恐怖的地方，这是显而易见的。但假设主角换作是一个时常不想去工作的人，发生事故之后，就可以拿它来作为自己不去上班的理由。一开始他走到遭遇事故的场所，内心会觉得不安，心脏跳动得非常快。到了后来，连靠近那个场所的附近都会出现这些症状。要不了多久，这个人一定会变得连踏出家门一步都不敢。

对当事者来说，他可能会把遭遇事故作为不敢踏出家门的原因。但是，拥有同样经历的人，却不是每个人都不敢踏出家门。遭遇事故和无法外出，这两件事情原本并没有因果关系，但却在这时候被拿来当作理由。

假设同样的经历都会发生同样的结果，也就是说过去的经验会决定自己现在的状态的话，那么所有的治疗、育儿、教育都无法发挥作用。因为，这意味着不管是治疗、育儿、教育都无法引导人改变自己现在的状态。

找出合乎目的的解释

前面提到，阿德勒在谈到心理创伤时曾说："（我们）应该从经验中找出合乎目的的解释。"现在大家知道这个意思了吧。认为自己幼年时期过得不幸的人，会从自己过去的经历中，找出可能受到影响的经验。因为对他来说，这么做是"善"，换言之，这么做对他自己有好处。

从经验中找出合乎目的的解释就是赋予意义的一种形式。比如说，我们讨厌某个人的时候，要列举出许多原因并不难。例如，我讨厌他优柔寡断。但同样的我，过去可能认为他是一个好相处、不会任意指使他人的人。又或者，我原本喜欢一个人是因为他做事井井有条，但后来可能又会嫌他老爱在小事上坚持。或者，以前觉得某个人不拘小节，后来却觉得他太粗线条。为什么会发生这样的变化？当我不想和那个人维持关系时（这才是找缺点真正的"目的"），我就不得不找出他的短处。这样才能把不和他继续维持关系这件事正当化。

既然是为了不想维持关系而找对方缺点，那么任何理由都成立。因为某种理由，所以不想和对方维持关系，这种说明的方式就是原因论。在这个理论中，同样的理由无法说明为何以前可以维持关系。为了找借口结束这段关系，所以他必须采用原因论的思考方式。这意味着采用原因论的背后是有目的的。

阿德勒在说明从经验中寻找合乎目的的解释时，举了一个做梦的例子，即希腊诗人西莫尼德斯被邀请去小亚细亚授课时的挣扎（《阿德勒心理学讲义》）。

船已在岸边等，但西莫尼德斯一直犹豫着要不要上船，不断延后出发时间。他的许多朋友不断劝他也没用。某天，他做了一个梦，一个他曾经在森林碰到的死者现身对他说："我对你非常虔敬，因为你亲手把我埋葬了，我这次来是给你一个忠告，千万不要去小亚细亚。"

一觉醒来，西莫尼德斯就下定决心地说："我不要去了。"

阿德勒认为，其实西莫尼德斯并非做了这个梦才决定不要去小亚细亚，而是他做这个梦之前就已经决定了。西莫尼德斯并不清楚这个梦的来龙去脉，"而是为了支持心中早就下好的结论，创造出某种情感或情绪而已"。我们平时也是这样，即使做梦，通常醒来就忘了梦的故事内容。这时候，梦的故事内容本身已不重要。以西莫尼德斯的例子来说，为了让自己下定决心"不去"，他只要创造出必要的情感就足够了。

但问题是，从经验中找出合乎目的的解释，这一点要怎么说明？西莫尼德斯有那么多的经验，为什么要选择与死者互动的经验呢？阿德勒是这么解释的："很明显他是因为害怕搭船渡海，受到死亡的观念束缚。当时航海其实是一件非常危险的事，所以他很犹豫。他做了关于死者的梦，显示他可能不是害怕会晕船，而是害怕船会沉没。心里被死亡的想法纠缠的结果，使得他选择梦见过去与死者曾有过的互动。"（《阿德勒心理学讲义》）

表面上看起来是这个梦促使西莫尼德斯决定不去小亚细亚，其实是他先有"不去"这个目的，然后才选择做了这样的梦。

善的层次

看过上述几个例子之后，我们可以发现，若把这个世界的现象以及自己的行为，以目的论的角度看待时，我们就可以看见以前从未发现的观点。但要怎么个看法，才会接近目的论的看法呢？关于这部分，我必须说明得更详细一些。

如同大家在前面看到的，所谓目的论，就是人以对自己

"有好处"的"善"为目的，并在这样的观点之下采取行动时理解事情的方式。这个"善"才是人行动的真正目标，而为了实现这个目标，人还会订立次要的目标。但是这个次要目标（也可以称作是为了实现终极目标的手段）到底是不是"善"，这是另一个问题。犯下严重罪行的人，也是为了实现某种"善"才订立了侵害他人这个次要目标。这个行为对他而言就是"善"，对他有好处，至少在他实施犯罪的当下是这么判断的。

其实不用举犯罪这么极端的例子也可以理解。无论是拜阿德勒为师，之后在美国对于阿德勒心理学的普及有相当贡献的德瑞克斯，或是把阿德勒心理学引进日本的精神科医师野田俊作，对于不恰当的行为目的举的几个例子，比如"获得赞赏""受人瞩目""争夺权力""复仇""无能的夸示"，每一项都是被放置在终极目标之下的次要目标。

比如说，争夺权力的人认为这么做对自己有好处。但是实际上是否真的对他有好处？是不是善的事情？那是另一回事。与人争权，即使最后赢得胜利把对方逼到绝境，对自己也未必是百利而无一害。

如果能通过前述的目的论订立目标，就可以把人从现在的状态引导到完全不一样的道路，这时候我们就需要治疗、教育与育儿。原因论，如同我们前面看到的，它也是决定论，假如现在发生的事情，原因出在过去的经历，那么要改变现在的状况，就只能通过某种方法回到过去重新修正，否则问题永远无法解决。但目的论的看法不一样，它把目的或目标放在未来，因为即使过去无法改变，未来还是有可能改变的。

改变现在的状态

我想应该有人会这么说，人有时候冲动起来就是没办法控制自己，即使是平时很冷静的人，一旦冲动起来也会口吐恶言，伤害甚至杀害别人。前面我介绍过，某个杀人案件的嫌犯被问讯时说道："我的性格易怒，因为他说了让我不耐烦的话，所以我把他杀了。"但他只不过是把自己杀人的原因，转嫁到对方说了令他不耐烦的话而已。日常生活中，我们可能也会"忍不住勃然大怒"，例如大声对小孩子说话，甚至举手作势要打孩子。阿德勒自己还在摇摇晃晃地学走路的时候，曾因为生气导致声带收缩，引发轻微的无法呼吸的症状。后来，阿德勒回想当时的状况："那个时候我感觉非常痛苦，所以从三岁开始，我就下定决心不要生气。从那一天开始，我从未生气过，一次也没有。"（霍夫曼《阿德勒的生涯》）

有些人可能会怀疑，一次都没生气过，可能吗？生气的目的，是为了主张自己的想法，并强迫让对方接受自己的想

42

法。主张自己的想法这件事本身并没有问题。问题是通过生气这样的手段，真的可以把自己的主张传达给对方吗？使用发脾气这个手段，确实在很多场合中，别人会因此而听你说话，但绝对不是心甘情愿地听。如果生气的人知道其他更有效的传达自己主张的手段的话，他一定会选择那个手段，但生气的人不知道其他手段。因为他有过经验，只要自己发脾气，身边的人就会愿意听他说话。阿德勒认为生气的目的并不是真正驱使人做某件事的力量，而是为了让别人接受自己的想法、照自己意思行动，所创造出来的情绪而已。

情绪不会控制人，只不过有些人认为可以而已。他们以为自己被情绪控制，忍不住勃然大怒。他们希望孩子照着自己的想法做，希望通过使用情绪来控制孩子。再加上，他们认为自己本来没有受到情绪影响，但看到孩子的行动所以忍不住发火。孩子故意做些惹火大人的行动，这种说法也是属于原因论。

英语的"passion"意味着激情、愤怒、热情，这个词源自拉丁文"patior"，意思是"蒙受"。一般大家会认为，passion是被动的情绪，我们很难抵抗它的作用。但阿德勒的个体心理学属于"使用的心理学"，他认为人不会被情绪、激情控制，反而是人"使用"情绪。情绪会通过人的意志出现或消失。

若认为人会因为生气的情绪刺激被迫去做某件事而且无

法抗拒，那么人就永远无法从生气中获得自由。但生气的人可以冷静想想，用生气作为主张自我意志的手段是否恰当。只要他认为生气对于自我主张的传达并不是有效的手段，同时知道除了生气之外，还有许多有效的方法，就有可能从生气的情绪中获得解脱。

连过去也跟着改变

前面我写道，即使过去无法改变，未来还是有可能改变，但其实连过去都有可能改变。为什么？因为过去也是由我们赋予它意义。当然，忘记也是改变过去的方式之一，但不是无原则的忘记，而是如果合乎某种目的他就会选择忘记；相反地，如果回想起来才合乎目的，他就会选择回想起来。当我们选择记得什么或忘记什么，其实就已经在对过去赋予意义。即使是记得的事情，当事人对它的诠释也会随着时间而改变。为什么会改变？因为回想过去的那个人的"现在"改变了。

某位朋友曾告诉我一件他儿时的往事。当时和现在不一样，被弃养的狗和流浪狗很多。他的母亲常告诫他，你越跑狗越爱追你，所以你看到狗千万不要逃跑。

"有一天，我和两个朋友走在一起，前面有一条狗朝我们走过来。我赶紧照我母亲说的，站在原地一动也不动。我身边的两个朋友却是头也不回地跑走了。"

结果，他的脚还是被狗咬了。

他的回忆到此为止。如果这是最近才发生的事情，他的回忆大概不会停留在脚被狗咬就结束了。但每次他提到这个回忆，却怎么也想不起来被咬伤之后发生了什么事。

"自从有过这个经验之后，我开始觉得这个世界充满危险。"他说。他开始担心走在路上会不会突然被车子撞到。即使待在家，说不定飞机会从天上掉下来。看到报纸刊登疾病的报道，会害怕自己是不是也受到感染了，惶惶不可终日。

他想说的是，被狗咬伤这件事就是让他觉得世界充满危险的原因，但以目的论的观点来看，他是为了把这个世界想象成充满危险的地方，所以从过去无数的记忆中，回想起被狗咬伤的这个回忆，而且回想不起来被狗咬伤之后的事情。

他把这个世界看作充满了危险其实是有目的的，这个我留待后面再说明。不过，之后他回想起他原本一直想不起来的回忆：

"过去我想起这段回忆时，都记不得被狗咬伤之后发生的事，现在我想起来了，后来有一个不认识的叔叔用脚踏车载我去了附近的医院。"

这么一来，他被狗咬伤这件事仍然没有改变，但故事已经完全不同了。前面的回想是为了印证他对这个世界的想象，也就是这个世界充满危险。在后面的回想中，故事完全不同了，他再也不觉得这个世界充满危险，或者听别人的（在回忆中，以他的母亲为代表）告诫下场会很惨，而是当你遭遇到困难的时候，有人会来帮助你。

为什么改变会这么大，因为他赋予这个世界的意义改变了。

从器官缺陷到自卑感

赋予意义也可以用在自己身上。前面提到，阿德勒创造出器官缺陷理论的背景，来自他幼年罹患佝偻病、身体无法自由活动这个事实。阿德勒关注的重点，会从客观的器官缺陷转移到主观的自卑感，也是因为他从自身的经验了解到，器官缺陷并不一定会引发自卑感。

阿德勒有一个大他两岁的哥哥——西格蒙德。对阿德勒来说，这位哥哥是他永远的宿敌。为什么这么说，因为西格蒙德又聪明又是大哥，在犹太人家庭中，这样的人通常可以取得优势的地位。更重要的是，西格蒙德身体非常健康。一般我们会想，阿德勒可能会以自己有佝偻病身体无法自由活动、和大哥无法相比为理由，最后变得不爱与人交际往来。

但实际上阿德勒对于自己的病痛，却是用建设性的态度做补偿。我特别注意到阿德勒曾说过一句话："大家都尽心尽力地帮助我。母亲和父亲已为我尽了一切努力。"这件事情成为阿德勒把他人视为"同伴"的契机，进而提出他那独特的理论。但同样的经验发生在别人身上，那人可能会变得更加依赖父母。

阿德勒在他晚期的著作中，也经常提到器官缺陷。但他强调，器官的孱弱并非问题，问题在于小孩子会因为器官缺陷而与他人陷入紧张关系。即使是身体健康的孩子，也会因为其他状况，而面临与拥有器官缺陷的孩子同样的困难与紧张（《教育困难的孩子们》）。

这些孩子在平时的生活里并没有发生任何实质的障碍，但他们会觉得自己和别人不一样，而且是比不上别人的那种，因此容易产生自卑感。比如长得太高、太矮、太胖、太瘦等等。这些事情或许他本人很在意，但实际上称不上是缺陷。

会产生这种自己比不上别人的感觉，是因为他对自己赋予了某种意义。就算是有器官缺陷的人都不一定会赋予自己负面的意义。主观的自卑感充其量不过是一种比不上他人的"感觉"与"心情"而已，应该不会对自己的人生造成决定性的不良影响。就连那些已经被公认是美女的人，也还是会担心自己长得不好看，使我们不禁想问，为什么会发生这样的事？这是我们接下来要探讨的问题。其实，产生自卑感的背后也有着目的，相信大家读到这里应该不难理解我的意思吧。

第三章

没有秉性，只有生活形态
——随时变革的勇气

何谓生活形态

　　阿德勒把我们对于这个世界、人生以及自己所赋予的意义称为"生活形态"，一般我们会把它称作"性格"。阿德勒认为，生活形态就是性格外在形式的表现（《性格心理学》）。他认为，性格并非与生俱来，虽然不容易，但确实有可能改变，所以他不使用"性格"这个容易让人以为是与生俱来而难以改变的字眼，而使用"生活形态"。

　　对照上一章提到的"目的论"来看，人对身体的行动就不用说了，包括情感等心理层面的变动，都会订立目的与目标。订立什么目标、采取什么行动才能往目标迈进，这些问题因人而异，但一定有一个能贯穿一个人的人生，是他朝目标迈进的特有行动法则。

　　比如说，在人际关系中，我们会不断地累积经验，知道怎么做比较顺利或不顺利，渐渐地建立一个解决问题的模式。解决问题的方法虽然偶尔会有失灵的时候，但大部分都能适用，即使状况或人改变也是一样。虽然，有时候与其找新的解决方法，不如用习惯的旧方法应对比较方便。但相对地，若不懂灵活变通，面对新状况时，可能无法作出适当的应对。

"人潜藏着很大的可能性，每个人都有可能成为和别人不一样的人"（《自卑与超越》），生活形态、行动法则也是，每个人的节奏、韵律、方向都不相同。用比喻来说就是，人从出生的瞬间就开始写自传，直到死亡才算完结。生活形态中所谓的形态指的就是这本自传中的文章风格，以及作者独特的表现手法和文体。

对自己与世界所赋予的意义

我们处理问题的态度，和我们对于自己与世界所赋予的意义有关。比如说，你一直对某个人有好感，心想若两个人有独处的机会，一定要跟他说话。就在此时，他正好从对面走过来。当你们正要擦身而过时，你抱着豁出去的心情正打算对他打招呼的时候，对方却把目光移开了。当你看到他移开目光，你心中已经对这个事态产生解释了。若发生这种事，你心里是怎么想的呢？这个问题拿去问许多人，最普遍的回答应该是：他刻意躲避我。但不可能所有人的回答都一样。有人会说，他眼睛跑进灰尘了；甚至有人会回答，他对我有好感，只是害羞所以移开目光；也有人认为一定是对方没看到我，所以他甚至出声叫住对方。

认为对方在刻意躲避的人，表示他对自己的评价很低。假使他对于对方擦身而过、眼神闪避的行为，无法作出善意友好的解读，甚至责怪对方，态度和想法都很消极的话，表示他认为这个世界是一个充满恐惧的地方。

现代的阿德勒心理学对于生活形态的定义如下：

1. 自我概念

2. 世界观

3. 自我理想

自我概念指的是个人对自己赋予的意义。如同上一章谈到自卑感时提到，许多被公认是美女的人反而认为自己长得不好看，或是明明看起来很瘦的人却认为自己很胖。同理，认为对方擦肩而过时眼光闪避是想躲避自己的人，会认为没有人对自己有好感。

世界观指的是自己对于周遭的世界赋予的意义。有人认为这个世界很危险，也有人认为很安全。有人认为身边的人都是同伴，都会帮助自己；也有人认为身边的人都是敌人，说不定还想陷害自己。

自我理想指的是想象自己应该成为怎么样的人。自我理想的种类很多、五花八门，比如说"我应该要成为优秀的人""我应该受众人喜爱"。

形象产生之后，人就会设定目标，然后开始追求，这就是自我理想。自我理想可以是目标，也可以是为了达成更高一层目标的手段。

预测未来

阿德勒说："只知道一个人从哪里来，很难推测出他的行为模式。但只要知道他要往哪里去，就能预言他会往哪个方向迈开脚步，或是用怎样的行动朝目标前进。"

不看"从哪里来"，只看"要往哪里去"，这就是目的论的立场，只要知道人将往哪里去，就可以预测人的行动。同样地，只要知道一个人的生活形态，也可以预测他的行动。一个人的世界观如果是嘲笑他人的失败，那么他面对困难的工作时就会感到紧张。一个人的自我理想如果是"必须样样拿第一"，那么不难猜想，他遇到太过困难的测验时，就会想放弃。不喜欢自己的人会认为别人不可能喜欢自己，即使被别人告白，也会觉得对方应该是弄错了或是在开玩笑。

但假使我们的目标是在未来，我们就有可能改变对自己与世界所赋予的意义，当然也就能改变人生。阿德勒说："个体心理学的'预言性'有两层意义。它不仅可以预言未来会

发生的事，还可以像预言家约拿一样，把原本会发生的事，通过他的预言，变成不会发生。"（《阿德勒心理学讲义》）

约拿是一位经验老到的预言家，根据《约拿书》记载，神命令他必须前往亚述帝国的首都尼尼微向大家预言该城即将灭亡，但约拿不遵从命令反而坐船逃走，结果遭遇暴风雨。船上的人知道遭遇暴风雨来袭的罪魁祸首是约拿之后，把他丢进海里献祭。后来，约拿被大鱼吃掉，然后又被吐在陆地上。接着，约拿确实地预言了尼尼微的灭亡，但尼尼微的居民得知预言后纷纷悔改，神看到居民的行为后，便决定不降灾祸给他们了。

阿德勒总是不断强调，预防胜于治疗（《教育困难的孩子们》）。通过生活形态，我们可以在弊害发生之前先给予预防，如同约拿的例子"通过预言，避免灾害发生"。

生活形态就是一种认知偏见

生活形态就是对自己与这个世界所赋予的意义，根据这个定义，决定对自己或对这个世界的看法。这就是所谓的认知偏见。

阿德勒晚年的秘书伊芙琳·菲德曼在阿德勒去世后，拜托他的妻子拉依莎，把阿德勒的眼镜留给她。人家问她为什么要拿眼镜。菲德曼回答："我想用阿德勒的眼光看待人生。"

生活形态就像是通过眼镜或隐形眼镜看待自己与世界，所以有时候我们会像明明戴着眼镜还在找眼镜那样，把看待自己与世界的方式想得太过理所当然，我们明明遵循某种生活形态，或通过它观看、思考、感觉这个世界并采取行动，自己却浑然不知。换个角度说，想要改变生活形态是很困难的一件事。想一想也没错，叫一个人改变他的生活形态，结果那个人根本不知道自己的生活形态为何，不知从何改起。唯有知道我们都是通过生活形态看待这个世界，而且是带着非常偏见的眼光看待这个世界，并意识到生活形态的存在，我们才有可能跨出改变的第一步。

自己选择的生活形态

以上，就是生活形态的说明。由此可知，我们每个人都看着同一个客观的世界，但活在不同的世界。即使父母自认对每一个孩子的教养方式都一样，但对孩子来说，父母对自己的关注、关心和爱绝对和其他孩子不同。对孩子来说，即使生长于同一个家庭，也宛如活在不同的世界。引用阿德勒的说法就是："大家常误会，以为一个家庭中的孩子是在相同环境中成长。当然，对生长在同一个家庭的人来说，彼此共通的地方很多。但是，每个孩子的精神状况都是独特的，各

自的状况都不相同。"(《人为何会罹患精神官能症》)

这个差异并不是客观的。幼年时期的状况，会因为当事人不同的解释，赋予它完全相反的意义。每个人都不是活在同一个世界，而是活在自己定义的世界里。

所以说，即使是生长在同一个家庭，每个孩子的生活形态也都不会相同。但要怎么解释每个孩子的生活形态都不相同这件事？只有一个可能，那就是——这是孩子自己决定的。

阿德勒认为，生活形态在两岁的时候就会被确认，最迟到五岁一定会作出选择。有人认为这个时候的孩子，语言能力尚未发展完全，在还没完全学会语言之前，就要作出生活形态的选择，而且在长大之后还要被追究责任，实在很不合理。对此，阿德勒的想法是：既然你"现在"知道自己的生活形态为何，关于"未来"要怎么做，你就有责任了。换句话说，既然你已经知道自己的生活形态为何，之后你必须自己决定要怎么做，或者说，你非决定不可，没有另一条路走。阿德勒的这个想法值得我们关注。

以现代阿德勒心理学的观点来看，生活形态被决定的时间发生得较晚一些，大约在十岁前后。在此之前发生的重大事件，包括生病、受伤、搬家，人只会有朦朦胧胧的记忆，无法回想起正确的时间顺序，也就是说不清楚哪件事是几岁的时候发生的。即使你感觉快回想起来了，记忆也总是模糊的，难以聚焦。

生活形态的选择确实会受到各种因素影响，以遗传或环境来说就是手足关系、亲子关系，再加上个人出生的时代、社会、文化背景，每个人一定都会受到这些因素的影响。

这些因素和"目的论"又有什么关系呢？有的，因为人要往哪里去，是由他的自由意志决定的。阿德勒在这个地方使用了"创造力"这个词。人并不是受到外在的环境刺激，或过去事件的影响，作出机械性的反应。那些对生活形态选择造成影响的各种要素，虽然可以决定你现在的样子，但你也可以把它们当作"素材"，决定自己将要往什么方向前进。

前面提到，阿德勒离开弗洛伊德的维也纳精神分析学会，把自己的理论取名为个体心理学，就意味着阿德勒开始对于个人的统一性以及个人的独立性有着强烈的关心。人即使被置于相同的状况下，也会作出与其他人不同的决断。阿德勒关心的是活生生的、眼前的"这个人"，而不是普遍概念的"人"。

还有一点要注意的是：类型分类。一开始对心理学产生兴趣的人，大多是因为想了解自己的性格属于何种类型。就像血型和星座占卜受到大众喜爱那样，有的人想了解自己，有的人想知道自己跟何种类型的人比较合得来。但是阿德勒提醒大家，我们在关注生活形态的问题时，不要把类型套用在个人身上。

我学习心理学的时间很晚，起初我是学哲学的。第一次读到心理学的书时，其实心里并没有很大的共鸣，虽然觉得内容很有趣，但总觉得上面写的东西无法套用在我自己身上。只有阿德勒的心理学吸引了我的注意，因为他的心理学不是通则命题式而是个人描述式的心理学。把个人分成各种类型这样的想法，与阿德勒的想法从根本上就完全不相容。

阿德勒确实有把生活形态和性格分类，例如《性格心理学》，但那只是"为了让人容易了解个体间相似性的知识手段"（《阿德勒心理学讲义》）。分类或理论是用来说明现实的手段，当它们与现实发生龃龉，就应该重新审视理论，而不是把现实当作例外处理。这个想法和阿德勒认为我们在教育孩子时，不可以把心理学当作"毫无通融，只能机械性套用"的理论，也就是不可以把一般性的规则套用在个别状况上的想法一致。

影响生活形态的决定因素

虽说生活形态是由自己选择的，但它不是凭空冒出来的。确实有因素会影响生活形态的选择，但是这些东西只是"素材"，最终还是由自己决定生活形态。选择生活形态时，知道有哪些影响因素，还有这些因素会对于生活形态的决定造成多少影响十分重要。改变自己的生活形态之前，你必须要有一个自觉，那就是未来当你回首过往，即使知道有别的选项可选，但回到当下，你仍然会做同样的选择。

遗传的影响

影响生活形态形成的因素，最容易联想到的应该就是遗传，但阿德勒并不重视遗传。后面我们会探讨阿德勒的教育论，他认为教育最大的问题在于孩子的自我设限。阿德勒认为孩子若真正对某件事情感兴趣，那件事情就会激发出孩子的聪明才智，"每个人都可以完成任何事情"（《阿德勒心理学讲义》）。阿德勒的想法是："重要的不是你被赋予了什么，而是你如何使用被赋予的东西。"（《人为何会罹患精神官能症》）很多孩子就是因为太过在意自己"被赋予了什么"，反而对自己的能力设限。这时候，最常被提出来的理由就是遗传。阿德勒说："遗传的问题并不那么重要。重要的不是你遗传到了什么，而是你从幼年开始，怎么使用这些遗传到的才能。"（《阿德勒心理学讲义》）所以我们才说阿德勒心理学不是"通则的心理学"而是"使用的心理学"。

阿德勒认为遗传只是影响生活形态的因素之一，对它并不重视。相较之下，会为孩子的生活带来不便的身体缺陷（也就是器官缺陷），对于生活形态的形成影响更大。如同前面我们看到阿德勒自身的例子，有些孩子会通过适当的方法作补偿，变得不依赖他人，努力面对自己的人生问题。

相对地，有的孩子依赖心反而变得更重，把只能靠自己解决的人生问题，请他人代为承受。选择哪个态度，端看本人决定。对于自己幼年曾罹患佝偻病的经验，阿德勒说："重要的不是我的经验，而是我为什么会作出这样的判断，把这段经验化为自己的助力。"

环境的影响

环境，在这里我们专指人际关系，像是手足关系、亲子关系都会对于生活形态的形成造成强烈的影响。当然，生存的时代、社会与文化也会有一定程度的影响。但如同前面所说的，这些因素都只是"素材"，无论你对某个影响因素调查到多么细微的地步，都无法完整说明生活形态。以下，我们依序来看手足顺位、亲子关系以及文化分别会对生活形态的选择造成什么样的影响。

手足顺位

手足顺位对生活形态的影响甚巨。有时候，比起在同一个家庭长大的手足，不同家庭但同一顺位的孩子，彼此之间的相似度反而更高。手足关系带给孩子的影响为什么比我们等一下要说的亲子关系还强呢？原因在于，许多父母教孩子时，不是责骂就是夸奖，这件事在孩子之间，会引发激烈的竞争关系。对于那些老是挨骂，一直没办法获得称赞的孩子而言，绝对没办法乐观地看待这件事。

以下，我会提到不同顺位的情况，但这只是"倾向"（《阿德勒心理学讲义》）。只要兄弟姐妹的人数或性别分布、排序（家族排行）不同，长子的心理倾向就不同。因此，即使在同样的家庭中长大的孩子，长大之后也不会变得一样。因为孩子会决定自己要赋予手足顺位什么样的意义。每一个手足顺位都有它固有的不利之处，有的孩子为了补偿这个不利之处，会以建设性的答案回应，有的则是以破坏性的答案回应，要选择哪一种，因人而异。即使父母的关心方式都很适当，孩子要选择哪一种答案，依然是由他自己选择。当然，若父母都可以通过适当的方法关心孩子，那是再好不过了。

长子一出生就可以独占父母一段时间。但要不了多久，父母对自己的关注就会被妹妹或弟弟夺走。即使父母对他说："我们还是和过去一样爱你。"事实上，父母的时间和注意力都不可避免地会分散到弟弟妹妹身上，原本享受父母全部的爱、关注、关心，备受宠爱的长子，将会体验到"失去宝座"的滋味（《阿德勒心理学讲义》）。

哥哥姐姐失去宝座后会想尽办法夺回来。一开始，他会帮父母的忙，做一些会得到父母称赞的事情，希望得到父母的关注。当他发现这么做没办法得到父母的关注时，他就会一百八十度地大转变，净做一些会让父母感到困扰的事。通过给父母带来麻烦，使父母不得不关注自己。他会故意做一些能惹火父母的事，这样父母就会骂他。孩子大概也知道用这种方法吸引父母的注意并不恰当。为什么？因为大多数的情况下，孩子知道要做什么才会惹父母生气。其实他们不喜欢被父母骂。既然如此，为何还要这么做？他自己也不知道。恐怕连他的父母也不知道。

大抵来说，假使长子很勤劳、努力，长大后有可能会成为靠自己的力量解决问题的人，也可能会变成保守型的人。他们害怕身边会出现与弟弟妹妹相当的竞争对手，会让他从"宝座"上跌落，就像他小时候体验到的那样。但是，这不是因为他失去"宝座"的经历造成的，而是他选择了保守的生活形态。石头被丢出去一定会朝一定的方向、以一定的速度落下。然而"心理性的低落"并不存在严格的因果律问题（《儿童教育心理学》）。

手足顺位居于中间的孩子和长子不同，他们一出生就有哥哥或姐姐，所以从未独占过父母的爱。即便如此，他们在出生时仍有一阵子可以获得父母的关爱，只是下面的弟弟妹妹会接着出生。为了获得父母的关注，他可能会出现行为问题，但也可能完全放弃父母的关注，比其他手足更早迈向自立的道路。

老幺不像他的哥哥姐姐，从未被交代过这样的话："从今天起你是姐姐（哥哥）了，做得到的事情都要自己来。"即使他长到哥哥姐姐的年纪，也不必被要求做一样的事情。因此，老幺可能会成为依赖心很重的孩子，也有可能变得和凡事都要自力更生的长子不同，会尽量避免做无谓的努力，认为有必要时就会立刻请求协助。

独子自小缺乏经历复杂人际关系纠葛的经验，不擅长处理人际关系。由于他没有其他的竞争对手，经常能获得父母的关心，或许会在溺爱的环境中成长。因此，有可能会变成依赖心很重，同时又是自我中心的人。另一方面，他也可能变成非常独立，努力学习和他人相处的人。独子没有其他手足，所以他的竞争对手就是父亲。阿德勒认为，受到母亲宠爱的独子，他的恋母情结可能会比一般人更加强烈（《儿童教育心理学》）。

吸引父母关注

不管是哪一个顺位的孩子，假如一直希望父母的关注都在自己身上，最后很容易会产生问题。会产生什么问题？我们后面会谈到。当孩子故意在父母面前作出偏差行为时，阿德勒认为我们应该看他的目的，而不是原因。吸引父母的注意力才是小孩子产生偏差行为的目的。假如吸引父母关注是他的目的，那么不管此时父母采用任何形式，只要他关注孩子的行为，孩子的行为就会持续。身为父母，这时候应该怎么处理这个问题呢？这一点等我们后面谈到阿德勒的教育论时就会有答案。在此我想指出的是，兄弟姐妹选择的生活形态出现很大的差异，原因出在父母加强了孩子彼此之间的竞争，即使父母没有强烈意识到这点。孩子为了获得父母更多的关注而故意作出偏差行为，这才是真正的原因，并非一般认为的是父母给的爱不够。

亲子关系

亲子关系也和手足关系一样，会对孩子的生活形态形成造成很大的影响。前面提到，父母会加强孩子彼此之间的竞争，即使父母没有强烈意识到这点。现在的父母在教育孩子时，假如孩子都会乖乖听话，表现得非常"理想"、非常顺从的话，那就另当别论，但我想当孩子反抗父母时，很少有父母不会责备孩子吧。父母责备孩子，一定会对孩子生活形态的塑造产生很大的影响。因为孩子们中有的被骂，就表示有的孩子不但没被骂，还会得到称赞。

父母在责备孩子或称赞孩子时并非毫无原则，而是根据某种基准，孩子面对这样的基准时，会被迫必须决定自己的态度。假如父母很重视学历，学历就会成为这个家庭重视的价值之一，这也称作"家庭价值"。

有些家庭注重权威，家庭之中的某个人具有权威性，决定事情时握有主导权，其他的家人只能听从。相对地，有的家庭注重民主，无论大人孩子一律平等，都拥有一票的权利，决定事情时，是用民主的方式讨论。每个家庭中一定都有类似这种决定事情的规矩。对照前面说的家庭价值，这种风气就称作"家族氛围"。家族氛围是我们在无意识中被灌输的观念，因此当我们和不同氛围的家庭中成长的人结婚时，很容易产生问题。结婚后会发现，许多对自己来说理所当然的事情，对对方来说并非如此，这些问题都会一一浮现。

比如说，某个男性认为："明明我每个礼拜都带家人出去玩，家里的经济也不用你担心，到底还有什么不满。"或许这位男性从小就是在这样的环境下长大，不知道别的家庭的人可能会对这么做感到不满。

阿德勒的幼年时期

接下来我会介绍阿德勒在什么样的家庭关系中成长，又在这样的家庭中形成何种生活形态，再把它与刚才介绍的手足顺位、亲子关系作对照与考察。

1870年2月7日，阿尔弗雷德·阿德勒于维也纳近郊一个叫鲁道夫斯海姆的村庄出生，他生长于犹太人家庭，在七个兄弟姐妹中排行老二。父亲利奥波德出生于当时隶属匈牙利的布根兰邦，是一位非常富裕的谷物商人。他没有受过正规的教育，对于追求知识的欲望并不高。母亲宝琳，据说是一位个性有点神经质的人。她的身体很虚弱，不过是一个会帮忙丈夫事业，同时十分勤劳的母亲和主妇。

哥哥西格蒙德比阿德勒大两岁，阿德勒后面还有五个弟弟妹妹，赫曼、鲁道夫、艾尔玛、马克思、理查德。阿德勒上有兄长，下有弟妹，属于中间顺位的孩子。一般来说，中间顺位的孩子一出生，上面就有比他大的哥哥姐姐在。即使起初几年，父母的关注大多会落在自己身上，但和长子不同，他从未独占过父母的关注、关心与关爱。而且当弟弟妹妹出生，父母的关注就立刻转移到弟弟妹妹身上。这正是阿德勒的体验。

在他两岁前，母亲确实非常宠爱阿德勒，但弟弟出生后，母亲就把注意力转移到弟弟身上。这就是阿德勒把对母亲的爱转移到父亲身上的背景因素。除此之外我后面会提到，这也是阿德勒否定弗洛伊德的恋母情结理论的根据之一。

在兄弟姐妹众多的大家族中，阿德勒开朗的性格获得强化。在所有兄弟姐妹之中，他只和他的大哥关系不好。西格蒙德对阿德勒来说，是非常强劲的敌手。这个哥哥大他两岁又是犹太人家庭中的长子。巧的是，影响阿德勒甚深，最后又不得不与他决裂的弗洛伊德，他的名字恰巧也叫西格蒙德。名字相同当然是偶然。只是，即使到后来阿德勒谈到他那成为富裕商人的哥哥时，仍忍不住叹了一口气："我那优秀又勤劳的哥哥总是跑在我前面，现在仍是。"可见阿德勒受到哥哥的影响很深，让人忍不住联想，他对弗洛伊德持有的感情是否就像对哥哥那样，进而影响到他选择的行动。

哥哥西格蒙德为什么对阿德勒来说是强劲的竞争对手，因为西格蒙德既聪明又是犹太人家庭中的长子，传统上就占有优势地位，更别提西格蒙德的身体十分健康。阿德勒认为，自己永远只能活在模范哥哥的阴影之下。前面我们提过，阿德勒和西格蒙德刚好相反，从小罹患佝偻病，不像哥哥可以毫无障碍、自由自在地活动，这是他做不到的事。

但即使有这些先天上的差异，如同前面我们看到的，阿德勒曾说："大家都尽心尽力地帮助我。母亲和父亲已为我尽了一切努力。"阿德勒选择把注意力放在家庭的援助上面。这一点，拿来与阿德勒后来形成的思想两相对照，着实让人会心一笑。因为，阿德勒后来的想法，就是把他人都当作是在必要时刻会伸出援手的"同伴"。

但如同我们先前提到的，不是每个人都能像阿德勒一样，对器官缺陷作出建设性的补偿。也有人是以器官缺陷作为理由，不努力去解决自己的人生问题，即使自己做得到的事情，也要叫别人代为解决。因此，阿德勒很快就注意到，能否积极面对、努力解决自己人生的问题，和身体有无障碍并没有关系。

不是每个人接受器官缺陷的态度都一样。有些人和阿德勒不同，反而以器官缺陷作为回避人生问题的理由，但也有人不把身边嘲笑自己的人视作敌人，或把这个世界看作是危险的地方。

以阿德勒来说，他自知怎样也赢不过哥哥，所以选择一条和哥哥不同的路，立志成为医师。阿德勒是中间顺位的孩子，这样的孩子和长子不同，从未独占过父母的关爱、关注和关心。由于中间顺位的孩子很难得到父母的关注，所以有些孩子会通过问题行为吸引父母的关注。但有的孩子会早早放弃，不冀望得到父母的关注，专注在自立的道路上前进。这种差异的产生，关键在于本人的决心。

前面我们都把焦点放在阿德勒对哥哥西格蒙德的想法。对哥哥来说，继承父亲家业是作为长子不得不接受的命运。西格蒙德为了帮忙因谷物经营工作忙得不可开交的父亲，不得不从文理中学（Gymnasium，中等学校教育体系）退学。相对地，阿德勒则不受家庭的束缚，可以如愿地当上医师。他很在意身为哥哥的西格蒙德对这件事的看法。后来，阿德勒一家曾因为父亲经营不顺利，使得经济陷入困境，为了脱离这样的困境，家人都把希望寄托在哥哥事业的成功。虽说这样的重责大任是由家族赋予他的，但为了撑起这个家，没有接受大学教育的西格蒙德，据说对弟弟阿德勒一直存在着一股难以压抑的怒气。

阿德勒的亲子关系

接下来我们来看阿德勒的亲子关系。以他的情况来说，亲子关系也对他的生活形态造成了很大影响。阿德勒跟父亲的感情比跟母亲好。阿德勒认为母亲是个无情的人，认为她宠爱长子西格蒙德更胜于自己。再加上弟弟鲁道夫在阿德勒四岁时过世，母亲居然在葬礼那天笑了出来，这件事让阿德勒一直无法接受。

阿德勒的著作中，在举"早期回忆"的例子时，曾谈到自身的经验。他以"某个人"的回忆作为描述，用第三人称的方式，提到母亲在弟弟死亡之后脸上露出笑容一事。早期回忆指的是孩提时期的记忆。在心理咨询的过程中，治疗者常会借由询问当事人的早期回忆作为调查生活形态的线索。当事人被问到早期回忆时，一开始会感到困惑，不确定自己还能记得什么，但在这种时候若当事人可以毫不费力地回想起某种回忆，那段回忆就可以清楚地显示出他的生活形态。在无数回忆中，他能很快地回想起某段特定的回忆，表示那段回忆可以确实反映出他现在的生活形态。不符合现在的生活形态的回忆，就不会被他回想起。

询问当事人早期回忆，并不是为了确定他过去哪个时间点的哪段经历，塑造了他现在的生活形态。

"（这个人的）第一个回忆是，他四岁时弟弟死去的事情。葬礼那天，他和祖父在一起。母亲那时悲伤得说不出话来，心情沉重，从墓园一路啜泣回家。但这名少年却看到母亲嘴角露出一丝微笑。他感到非常困惑。此后，很长一段时间，他为了弟弟被埋葬那天母亲露出笑容这件事，感到非常愤怒。"

（《人为何会罹患精神官能症》）

他的母亲为什么笑？有可能是祖父对他母亲说：没关系，孩子将来再生就有了。实际上到底发生什么事，没有人知道。假设阿德勒后来对母亲怀有很深的愤怒情绪，当他思考自己与母亲的关系时，这就是非常重要的事件。

因为有这件事，阿德勒觉得自己跟父亲的感情比较好，包括后来他质疑弗洛伊德的恋母情结理论的正确性，也是基于自己的体验。弗洛伊德认为，男性会憎恨父亲，和母亲感情较好。但阿德勒对照自己的经验，自己和父亲距离较近，和母亲距离较远，因此他认为所谓的恋母情结并不如弗洛伊德所说的是普遍的事实，而是只适用于被溺爱的孩子。

去世的孩子也会引发仍在世的兄弟姐妹之间的竞争关系。孩子早夭之后再被生下的孩子，一定会受到父母格外的关注，这一点不难理解。

阿德勒曾认为母亲是个无情的人，但后来他责备自己这个态度："现在我才知道我的母亲是天使，她对我们的爱是平等的。但我小时候曾对母亲持有错误的想法。"

就父母的立场来讲，教养孩子时，一定会尽量避免让孩子产生误会，以为自己受到不平等的对待。但有时候，父母自己会成为负面教材，又或者，不管父母怎么正确地教养孩子，仍无法避免孩子产生误解。

父母在责备或称赞孩子时并非毫无原则，而是根据某种基准，这个基准就会成为前面说的家庭价值，而孩子们面对这样的基准，被迫必须决定自己的态度。比如说，父母崇尚学历，那么小孩子可能会遵从父母的价值观，但也可能会否定。父亲认为次子阿德勒书读得好，期待他成为律师或医师等社会精英，而阿德勒也回应了父亲的期待。

阿德勒的父亲给予孩子最大限度的个人自由，不曾处罚他们，也不曾亲昵地触碰他们。这种做法在当时的维也纳非常罕见。后面我们会提到阿德勒对教育的想法，还有他教养孩子的态度，大家可以从中清楚看出父亲的育儿态度如何影响了阿德勒。

阿德勒不喜欢权威式的教育，他认为无论男女、无论大人孩子都应该是平等的。他的这个想法就是受到父亲的影响，除此之外，他在民主式教育的家庭氛围中成长的背景，对他的影响也很大。

文化的影响

作为生活形态形成的影响因素，文化也是其中之一。关于男女应该扮演何种角色，也会受到文化的影响。文化对于生长在其中的人而言，是所有自明之理的集大成，想要改变无意识中受文化影响的生活形态并不容易。因为文化会不知不觉地渗透进人的思考方式与感受方式。

在日本生长的人，他学到的表达方式绝对不是直接说出主张，而是间接地表达自己的意志。而且这种表达意志的方式，会被认为是体贴、细心的美德。这对生活在这个文化中的人而言，几乎是理所当然的事情。假如我们真的能不通过语言就能了解对方的心情的话，那就另当别论，但实际上根本不可能做到。但是，那些认为每个人都应该了解别人的心情与想法的人，一定也会用同样的标准要求别人。也就是说，他认为别人应该要了解我正在想什么，即使不说任何的话，对方也应该要了解。但现实中，他不说话，别人根本无法知道他在想什么。即便如此，他还是会责备不理解他的想法的人。

姑且不论这样的文化是好是坏，可以肯定的是，它会对我们生活形态的形成造成很大的影响。

阿德勒出生于犹太人家庭。但感觉上，阿德勒对宗教并不感兴趣，也不对自己的犹太背景感到自豪。晚年，他改信基督教。他并不否定宗教的价值与重要性。甚至，我们后面会提到，阿德勒思想的核心概念"共同体感觉"，某种意义上就带有宗教的面貌。阿德勒对犹太教的记忆如下：阿德勒五岁的时候和家人一起上犹太会堂，他觉得无聊透了，大家一直在祈祷，仿佛永无止境似的。这时，他看到伸手可及之处，有一块礼服的布角露在餐具柜的抽屉外面。他抓住礼服的一角，缓缓地、慎重地用力往外拉。突然，餐具柜倾斜，发出可怕的巨响倒在地上。阿德勒立刻一溜烟地逃离犹太会堂，他觉得自己一定会遭天谴。

另一次，阿德勒一家人正在过逾越节。阿德勒听说在这一天，天使会调查犹太人家庭，看看大家有没有供奉犹太逾越节薄饼（无酵饼），他很怀疑，想调查清楚。在节日当天的夜晚，家人都就寝后，阿德勒下楼把餐具柜中的发酵饼拿来和祭坛上的薄饼交换。他好几个小时没睡，就为了等待从天而来的访客。结果天使没有现身，但阿德勒并不感到惊讶。

父亲时常在早上和阿德勒散步时对他说："阿尔弗雷德，不管对方是谁，跟你说什么，你都不可以相信。"

阿德勒曾在书中写道："也就是说，我说出来的事情，一定都要有我自己的经验作证，这对我来说是非常严格的问题。"（《自卑与超越》）

怀疑主义成为阿德勒思想最显著的特征之一。当然，我们可以说他受到父亲的影响很大，但我比较希望把他的经验拿来作为生活形态的形成会受文化影响的例子。同样在犹太家庭出生的人，并非每个人都能像阿德勒一样有这种想法。先不去评论这种想法的好坏，只是我们可以看出当人们被迫决定态度时，文化确实是影响生活形态形成的重要因素之一。

阿德勒反对无法证明的理论。他认为，许多宗教的信念都是叫人相信人无法掌控自己的命运，使得个人的责任变得暧昧不明。当然，他的意思不是说人可以完全掌控自己的命运，而是如果可以知道前世的事（无论今昔，都有人相信可以办到这件事），就可以了解自己目前面临的问题都是起因于前世的经验，那么未来的人生也和过去一样，都被前世规定了，这么一来，人就不会想靠自己的力量改变自己的人生了。

现在的年轻人即使不是心灵主义论者，心情也很容易受到算命的结果影响。听到算命师断定自己和中意的对象个性合不合、什么时候会结婚，大部分的人很容易就接纳了。会相信这种说法的人，可以猜想他不会想靠自己的力量与努力来改善人际关系。阿德勒对心灵主义或心电感应这些理论采取否定的态度。因为会对这些理论感兴趣的人，都是呕欲脱离自己目前的局限，想借着与死者的联结，超越时间的限制。对这些人来说，神的存在，也不过是为了完成自己的愿望、为自己效劳而已。他们认为可以把神的意志引导到自己需要的方向，这种想法和"真正的宗教性"相去甚远（《性格心理学》）。

阿德勒认为宗教的问题出在失去与现实的联结点。宗教对未来持有希望，把人原本应该在凡间寻求的目标放到另一个世界，认为人在凡间的阶段所付出的努力与获得的成长并没有价值。

改变生活形态

以上所说的影响生活形态形成的因素都非常强大。孩子在大人面前毫无抵抗能力，因此父母对于孩子的影响极大。即使如此，孩子长大后若觉得自己的生活形态出现问题时，也不应该把责任归咎于父母。因为这对他来说，一点好处也没有。

在下定决心选择某种生活形态时，他应该已经尝试过许多种生活形态。即使如此，他仍在不知不觉中固定了自己的生活形态。一旦习惯了某种生活形态，要再改变并不容易，即使他觉得这个生活形态很不方便、很不自由，可以的话最好换一个。但是他用目前的生活形态可以想象接下来会发生什么事，若换成另一个，他就无法想象下一刻可能发生的变化。

就像之前提过的，如果一个人与别人擦身而过时，认为对方移开目光是在躲避自己，那么这个人可能会讨厌自己，恨自己为什么老是有这种想法。但事实上是，只要他认为对方是在闪避自己，就不必与那个人继续发展关系。其实他内心的某个部分，反而希望这件事情发生。假如他认为对方移开目光是因为喜欢自己的话，他就必须要考虑"接下来"的事。这个接下来的现实属于未知，会发生什么事他无法预料。如果接受这个现实，他就必须跳进新的人际关系之中。因此，接受这样的现实需要勇气。

再怎么不方便、不自由的生活形态也都是自己选择的。比起无法预测接下来会发生的事，他宁愿接受不方便，这是他在心中早已下定决心的。也就是对他来说，不改变长久以来熟悉的生活形态，确实有一定程度的好处。

他们平时只要遇到问题，总是一次又一次地下定决心，决不改变习惯、熟悉的生活形态。换句话说，他只要放弃这样的决心，就有可能改变生活形态。虽然改变是有可能的，但因为他们运用原本的生活形态不会导致活不下去，所以大多数的情况都无法改变自己的生活形态。

即使如此，生活形态还是可以改变

寻求心理咨询的人有时会被问到这个问题：你喜欢自己吗？人会通过自己的生活形态去看这个世界，并且去感受、思考和活着，但几乎没有人会说喜欢这个决定生活形态的自己。相较于其他的工具，比如说电脑，要是不喜欢现在的，只要换一台新的、性能更强大的电脑就好，但"自己"可不是说换就能换的。

巴黎塞纳河左岸的埃菲尔铁塔于1889年万国博览会的时候落成。落成的两年前，当它正在打地基的时候，许多艺术家和作家都发文抗议这项建设，认为它是用丑陋的钢架胡乱地拼凑组合而成的，会亵渎巴黎的美感。设计师同时也是铁塔命名者的居斯塔夫·埃菲尔则预言："我认为，人们最终会发现它拥有特殊的美感。"

曾发文抗议的作家莫泊桑，很喜欢去埃菲尔铁塔二楼的餐厅吃饭。他朋友知道这件事情后责怪他。莫泊桑答道："因为这是在巴黎吃饭时，唯一可以不用看见埃菲尔铁塔的地方。"

这段知名的逸事刚好可以用来说明关于生活形态的三件事：

第一，如同身在埃菲尔铁塔中可以俯瞰巴黎街景但却看不见埃菲尔铁塔一样，我们不了解自己的生活形态长什么样子。

第二，很多人虽然嘴上说讨厌，但最后仍接受自己目前的生活形态。

第三，埃菲尔铁塔在抗议文中被称为"没有意义、怪物般的铁塔"，时至今日，大概很少有人不承认它具有"特殊的美感"。把生活形态比喻为埃菲尔铁塔的话，生活形态也可能从原本的怪物逐渐变成一座美丽的塔。用阿德勒的话来说，大概就是改变埃菲尔铁塔"被赋予的意义"吧。

把新的生活形态比喻为埃菲尔铁塔的话，最终它看起来就不会是丑陋的钢架，只是改变的过程势必会遭遇到很大的抵抗。若继续用铁塔比喻改变生活形态这件事，改建铁塔的原因不一定是因为它变得很破旧，而是为了把它变得更舒适。但变成新的东西，不管是重新建设，或是重新整修，进行的时候或多或少都会遇到抵抗。

想要改变生活形态，光有决心还不够，必须还要知道应该改善哪个部分。但追根究底，我们连自己的生活形态长什么样子都不知道，所以第一步还是要有意识地去挖掘自己过去在无意识中体会的生活形态的面貌为何。除此之外，还要知道有哪些和过去不同的生活形态可选择。

超越相对主义

前面我不断提到，旧有的生活形态可以改变。所谓的改变，应该是指变得"更好"的意思。而所谓的"好"，并不是道德上的意义。如同前面提到的苏格拉底的悖论"没有人有意为恶"一样，所谓的"善"就是指对自己有好处，相反地所谓的"恶"就是对自己没好处。改变生活形态的时候，就表示这件事对自己是"善"，否则就不会想改变。不想改变目前的生活形态的人，就表示他判断不改变对自己有利。但假设这个人下定决心要重新选择一个新的生活形态时，就表示他这次应该会选出一个"真正"好的生活形态吧。

前面我们提到生活形态的定义为：对自己和这个世界所赋予的意义。但难道无论赋予任何意义都等同于真理吗？接下来我想讨论这个问题。和苏格拉底同一时代的普罗泰戈拉认为："人是万物的尺度。"例如，一道料理好不好吃（甜、辣、浓、淡等）可以由自己判断，但某种食物对身体有益或是有害则不是由自己的喜好所决定的。

柏拉图说："关于正确和美感，许多人会选择别人认为是正确或美的事物，即使实际上并非如此。总之，他们会去做别人认为是对的事情，拥有别人认为好的东西。但若提到善，没有人会认为我只要拥有别人认为是善的事物就好，实际上它得要对自己而言是善的事物才行。在这种情况下，别人认为是善的事物，对自己一点价值也没有。"（柏拉图《理想国》）

幸福也是一样。光是让别人认为自己很幸福一点意义也没有。有些人确实在汲汲营营地追求着让别人觉得自己很幸福的事，老是在意别人的想法，用柏拉图的话来说就是：太在意"别人认为好"的事物。这样的人，幸福离他很遥远。就算别人认为你有多么地幸福，若本人，也就是自己实际上并不感觉幸福，那就一点意义也没有。幸福是什么？这个问题和问某种食物是否对身体有益一样，不是我们恣意地赋予它不同意义就能改变它对身体产生的结果。

那么，阿德勒对于这种无法取决于每个人想法的事物，也会认为它们的善恶有绝对的基准吗？阿德勒说过："就连我们的科学也没有获得绝对的真理，而是根据常识（Common Sense）来发展。"（《阿德勒心理学讲义》）这里所说的

"Common Sense"是对比于个人理智（个人逻辑）。人的确只能活在自己赋予意义的世界中，但假如被赋予的意义中个人性的比例太重，和他人共生就会产生困难。

阿德勒又说："我们没有一个人可以获得绝对性真理的'知识'。"（《阿德勒心理学讲义》）

"绝对性真理不为任何人'所有'。"（《儿童教育心理学》）但是，虽然没有人可以拥有绝对性真理，并不代表这样的真理不存在。

阿德勒认为，赋予意义的时候，不能完全偏重于个人性，而是要赋予具有"Common"（共通、普遍）性质的，对自己、对社会以及一般大众而言都能接受而且有用的意义，这才是最重要的。但另一方面，承认普遍的道理也会产生问题。

后面我们在探讨"理想"这个主题时，会重新把这个问题再提出来讨论，在这个世界，我们不可能承认绝对的真理。离开这个状况，就没有绝对的善。比如说，"借东西一定要归还"不一定适用于所有情况。假使你跟某人借刀子，结果对方忽然发疯抓狂，很明显这时候把刀子还给他并不是明智的举动。

此时，承认不合常理的绝对性真理反而是危险的行为。某件事是善是恶，我们只能依照个别状况一一检验。阿德勒对于既成的价值没有批评，也没有肯定。即使是大多数人都承认的价值也一样。文化是自明性的集大成。阿德勒对于文化的自明性，依然保持一贯的批判立场。

前面提到，阿德勒认为赋予意义时，应该赋予具有普遍性的，而且对自己、社会和一般大众而言都能接受且有用的意义。虽然他很重视"Common Sense"，但这个"Common Sense"指的不一定只是常识而已，甚至和常识大相径庭的看法也有可能。比如说，就常理而言，对于不上学的孩子，无论如何都要帮助他回到学校上课，但依照个别状况和孩子的不同状态，这个方法并非绝对正确。

提示一个选择的方向

即使如此，阿德勒仍提示一个选择的方向，供我们在选择生活形态时参考。

在第二章，我们以行为和感情为例介绍了目的论。让我们再回顾一下：人会为了某种目的，对于自己经历的事情赋予某种意义。没有自信的人，即使看到喜欢的人就在眼前，也会因为害怕和对方继续发展关系，把对方移开目光的动作解读为躲避自己。再来，他会从自己的诸多经验当中找出"符合目的"的经验，对眼前状况赋予符合目的的意义。当他想要离开某个人，他就会从自己与那个人的互动经验当中，找出那个人令人生厌的地方。

被询问早期回忆的人，在无数个记忆中选出特定的记忆时，这个选择绝非毫无原则，他一定会选择符合目前生活形态的回忆。更进一步地说，他的生活形态，也是为了某个目的被选择出来。以我们前面提到的心理创伤为例，人在遭遇重大灾害时，内心遭受的冲击非常巨大，但若他不愿走出伤痛经验，也是因为他这么做符合某种目的。

前面我们也引用过，阿德勒曾说："意义并不是由状况决定的。我们应该通过赋予状况意义来决定自己。"（《儿童教育心理学》）

这里所说的状况，以第一章的例子来说，就像是拥有器官缺陷的人的成长经历。一个人即使身体无法自由活动，这件事也无法决定他现在的状态。

又或者父母宠孩子，这个孩子长大未必会变成被宠坏的孩子。套用亚里士多德的观点，宠孩子的父母以前面举例的雕刻家来看，属于动力因。若没有宠孩子的父母，就不存在被宠坏的孩子。但是，即使在宠孩子的父母身边长大，只要这个孩子不把这件事看作是善，就可以拒绝被宠爱。假如这个孩子判断受宠爱这件事对自己有好处（善），那么他就会选择成为在父母的宠爱之下长大的孩子。

若认为生活形态不是自己决定的，很容易把责任转嫁到他人身上，或归咎于状况使然。但阿德勒十分强调一切取决于自己的重要性。因为他希望厘清责任所在。由于某种外在因素而决定了自己现在的状态这种想法，是阿德勒极力排斥的。

基于上述原因，阿德勒强调，在讨论某个生活形态的内容之前，一定要知道这是自己选择的。即使是生活形态的内容也是一样。一些容易被误认为不是自己选择，而是受到外在诸多要素或过去的经验被迫决定的生活形态，也是阿德勒所排斥的。

面对人生的问题

另外，阿德勒还排斥一种生活形态，那就是前面不断提到的逃避人际关系的生活形态。例如，遇到重大灾害的人心理会承受很大的打击，但假使他一点从伤痛的经验中走出来的意愿也没有，表示他背后一定存在着某种目的，简单地说就是为了逃避人际关系。

从生活形态来看，会认为这个世界很危险，把别人都看作是敌人的人，他们内心深处就是希望通过这种对自己与这个世界的看法，逃避与他人往来。前面说过，有些人不是因为别人有短处或缺点，所以讨厌对方，而是为了讨厌对方，所以找出那个人的短处或缺点。讨厌对方之后，他就可以不必和对方往来。

与此相反，有另一群人则是对自己持有否定的态度，对自己赋予负面意义。很多来做心理咨询的人说他很讨厌自己的时候，并不是因为他有某些短处或缺点所以讨厌自己，而是他希望借这些短处、缺点作为理由，避免和他人往来。不害怕和他人往来的人都很有自信，所以很容易找出自己的长处。

因此，阿德勒排斥这种以逃避人际关系为目的，去对世界或他人赋予意义，阿德勒也不认同以此为目的的行为。

第四章

共同体感觉
——超越小我的勇气

人无法独自活下去

前面我们不断地提到人际关系这个主题。因为人无法避免与他人产生关系，而且人原本的生存形态就不可能与他人脱离关系。

心理咨询的主题也几乎都围绕在人际关系上。阿德勒说："人的烦恼，全都来自人际关系的烦恼。"（《阿德勒心理学讲义》）"终极而言，我们人生中的所有问题，除了人际关系之外，没有别的。"（《儿童教育心理学》）人并不是独自活着，而是在其他人之间活着。一个人没办法成为"人类"。"个人必须在社会性的脉络下才能成为个人。"（《阿德勒心理学讲义》）

还有一个原因是：人无法独自活下去。这个意思不是说人很脆弱，而是说人在本质上必须以他人的存在为前提与他人共同生存，人才能成为"人类"。人无法在一个人的状态下成为人类。人原本就是社会性的存在，最好还是要和他人共生共存，没有任何一个人可以离开社会或共同体存活。

假设人是独自活着，不管他做什么都没有人会阻止，因此一个人活着的世界可以说没有善恶可言。此外，语言的出现也是以他人的存在为前提，只有一个人活着的话，就不需要语言。逻辑也是，只有一个人就不需要逻辑（《儿童教育心理学》）。我们和别人往来时，不能说只有自己听得懂的语言，要在语言、逻辑、常识都能与他人共通的状态下才能交流。自我中心的人没有常识，只有自己通用的个人理智（《自卑与超越》）。没有常识，沟通就无法成立。"私人的意义事实上一点意义也没有。真正的意义只发生在沟通中。"（《自卑与超越》）

问题在于，我们无法离开他人活下去，他人同时也会阻止我们前进，但我们又无法选择忽视他人。事实上，人的言行不可能在没有他人存在、真空的状态下进行，一定要有人扮演"对方"这个角色，人的言行的目的就是诱使对方作出某种回答。例如生气，一个人没办法生气。人会说出一些故意让对方生气的话，目的就是为了诱使对方作出回应。除此之外，一般被认为是心理出现病状的精神官能症也是一样，阿德勒认为必须要有一个接受反应的"对方"存在，精神官能症的症状才有可能发生。

我比较有兴趣的是，他人既然会阻碍我们前进，使人的烦恼几乎都围绕在人际关系上打转，但阿德勒却把他人当作"同伴"，不看作"敌人"。这里"同伴"的原文是"Mitmenschen"，阿德勒心理学的核心概念"共同体感觉"（Gemeinschaftsgefühl）的同义词"Mitmenschlichkeit"就是根据这个词创造出来的。意思是"同伴"（Solidarität）应该是"人"（Mensch）与"人"互相"结合"（mit）。这个词的反义词为Gegenmenschlichkeit，意思是人与人互相"对立"（gegen）。

对待他人的态度，将会深深影响我们的人际关系。大部分的人不会把别人看作是自己的同伴。这件事从人与人说话时，眼睛有没有与对方目光对视就知道。阿德勒说，不敢直视大人的脸的孩子，表示他心里对那个大人存在着不信任感（《儿童教育心理学》）。目光闪躲这件事，即使只有一瞬间，也表示这个人不想和对方缔结关系。

呼唤孩子时，孩子会靠得多近，也可以看出这个孩子对他人的想法。大多数的孩子，会在某个距离停下脚步，然后探索眼前的状况，再决定要更靠近些或远离些。

如同我们前面提到的，一开始人会先决定把他人看作是同伴或是敌人，把他人看作是敌人的人，想要回避人生的问题。因为这样他们就不用积极地与被看作是敌人的人来往。

对阿德勒来说，心理学是"心的态度"。如果心理学只是单纯的理论，那么无论站在哪一种立场应该都没关系，但把人看作是同伴或敌人关乎我们的生活方式，到底要把他人看作同伴或敌人，我们必须表态。这不是他人存不存在的问题，而是我们怎么看待他人，是属于价值观的问题。

阿德勒最初提倡共同体感觉时，曾遭人批评这种依据价值观的思考并不科学。

共同体感觉

阿德勒提出共同体感觉理论的背景，是基于他的战争体验。

1914年第一次世界大战爆发，当时四十四岁的阿德勒没有被征召去当兵，但他以军医的身份参战，隶属于陆军医院的神经精神科。阿德勒必须判断住院的伤患在出院后是否还能继续服兵役。这个工作带给阿德勒精神上相当大的痛苦，每天晚上都睡不好。

阿德勒的朋友，同时也是小说家的费利斯·波特姆在初次和阿德勒见面之前，曾期待阿德勒是个"苏格拉底般的天才"，没想到见面后发现他没说出什么特别的话，只是一个普通人，而对阿德勒非常失望。我在想，波特姆把苏格拉底的形象与阿德勒重叠时，是不是搞错苏格拉底的形象了。阿德勒和学者形象的弗洛伊德不同，不是为了研究才选择医学，而是为了治疗病患。相对于弗洛伊德不喜欢与人交际、专心写书的形象，阿德勒则是喜欢在咖啡馆与人高谈阔论，对于写书不太热衷。这样的阿德勒的形象，确实可以与一本著作也没留下、时常在雅典街头与青年对话的苏格拉底联想在一起。

无论如何，波特姆因为阿德勒的形象不像苏格拉底而感到失望。但这个最初的印象后来发生决定性的变化。当阿德勒被问到作为医师参与战争，对战争的印象如何时，没想到阿德勒开始强烈批判发动战争的祖国：

"我们都是同伴（Mitmenschen）。任何一个国家的人，假如都是有常识的人，大家的感受是一样的。这场战争等同于对我们自己的同胞进行组织性的屠杀与拷问，为什么我们不能避免战争发生？"（霍夫曼《阿德勒的生涯》）

紧接着，阿德勒继续说自己作为医师在现场目击到的恐怖与痛苦，以及提到奥地利政府为了争取市民对战争的支持而不断地说谎。

波特姆看到阿德勒描述这些事情的样子，不再觉得阿德勒是普通人。

"我看着、听着他说话的样子，终于了解他是一个伟大的人。"（霍夫曼《阿德勒的生涯》）

阿德勒以军医的身份参加第一次世界大战，在兵役的休假期间他经常去中央咖啡馆，就在这个时期，他在友人面前第一次发表了共同体感觉这个想法。

这个名词阿德勒在维也纳精神分析学会时已经使用过，但这个原本只在他内心逐渐萌芽的共同体感觉的想法，因为战争时的体验，一口气跃升成个体心理学的核心概念。用阿德勒的想法来看，是把战争体验视为造就他思想形成的原因，属于原因论的解释。

为什么不能避免这场组织性的屠杀与拷问的战争发生？自从有了这个想法之后，阿德勒突然（他的朋友这么觉得）开始使用"共同体感觉"（Gemeinschaftsgefühl）这个词。一位与阿德勒意见相左的同伴，对于当时阿德勒的印象如下：

"这个突然出现、宛如传教士所提倡的共同体感觉，我们要怎么面对这样的想法。作为医师，最重要的就是以科学为优先，身为科学家的阿德勒应该很清楚才对。他应该知道，他若主张这种带有宗教意味的科学，万一这样的观念在非专家之间传播开来，他就无法获得身为专家的我们的支持。"（霍夫曼《阿德勒的生涯》）

因此，阿德勒提出了共同体感觉这个概念之后，失去了许多好朋友。因为他们认为基于价值观所建立的思想并不是科学。但是阿德勒明确指出，个体心理学是价值的心理学，是价值的科学（《自卑与超越》）。不只是共同体感觉，前面提到，个体心理学是以"目的论"为基础，而它的目的是善，是价值。阿德勒使用德语，德语的自卑感为"Minderwertigkeitsgefühl"，这个词的意思是"价值"（Wert）"比较少"（minder）的感觉（Gefühl）。所谓的自卑感指的就是对于自己所作的价值判断。

在第三章中我们提到，生活形态就是我们对于自己和这个世界的看法。我们能不能喜欢自己或接受自己，都是个问题。这件事不容易做到，即使我们喜欢自己，但有办法把周遭的人当作是同伴吗？自卑的人通常会把他人看作是敌人，而不是同伴。要把别人看作是同伴或敌人，就是我们对于这个世界的看法。

只要把他人当作是同伴，不管你在共同体中是否有自己的容身之处，你的人生就会发生改变。阿德勒经常使用"整体中的一部分"这种说法，指的是自己归属于某个地方的感觉，或是希望继续待在某个地方的感觉。怎么做才能获得这种感觉，后面会看到。不过它所表达的意义，我们可以从"Gemeinschaftsgefühl"一词的翻译"共同体感觉"中窥知一二。

问题在共同体的意义。它是"无法达到的理想"，绝对不是指既存的社会。这里所说的共同体，是指目前自己所属的家族、学校、职场、社会、国家、人类，以及包含过去、现在、未来所有的人类，更进一步地说，是包含有生命与无生命的宇宙整体（《心智的心理学》）。因此，阿德勒所说的共同体感觉并不是从这个字面上联想的、对这个既存社会的归属感的想象，或者要大家去适应这种狭隘的共同体。

不仅如此，它有时还得断然拒绝既存社会的共同认知或常理。所有人面对纳粹的价值观都被迫表态，而那些回答了拒绝的人，大多数都在集中营中被杀害了。我们在后面会看到，阿德勒看到纳粹上台之后，感觉自己身处危险之中，于是把活动的据点转移到美国，但那些接受阿德勒的教导并和他一起活动的人，最后都被送去集中营并且丧命。这意味着阿德勒学派，一度在奥斯威辛遭到摧毁。

战争精神官能症

阿德勒以军医的身份参战时，曾接到一名患者的申请，希望可以免除他的兵役，但他判断那名健壮的患者，应该还可以执行步哨的任务。

"我为了不把某个人送去危险的前线作了很多努力。在梦中，我觉得自己杀死了一个人。但是，我到底杀了谁，我不知道。我不断因为'我应该杀死谁了吧'这个想法而感到苦恼，使得我的精神状态逐渐恶化。其实这只是我自己沉醉在我尽力为那名士兵做最好的安排，使他不必死于战场上的想法而已。梦中的情感意图促使这样的想法产生，但当我理解梦只是借口后，我就不再做梦了。为什么，因为我没有必要再欺骗自己根据梦的逻辑去判断一件事情该做或不该做。"

（《阿德勒心理学讲义》）

阿德勒谈论战争精神官能症时，把它当作是精神官能症的类型之一。阿德勒认为战争精神官能症只会发生在原本就有精神问题的人身上。后来他开始谴责那些发动战争的奥地利政治家，认为这场战争毫无意义，没有建树。面对社会性义务感到胆小怯懦的人，容易罹患精神官能症，战争精神官能症也不例外。阿德勒认为，"所有的"精神官能症都看得到弱者的身影。弱者指的是无法让自己适应"大多数人的想法"，最后采取精神官能症这种攻击性的态度。这样的转变过程，在所有的精神官能症，包括战争精神官能症中都可以看得见。

如同我们后面会谈到的，精神官能症患者在面对问题时，会试图选择逃避，但战争精神官能症的状况不同，他面临的问题是战争，这里面理所当然地包含了可以逃避的问题和不允许逃避的问题。

阿德勒第一次谈到共同体感觉时，是在战争时期。战争结束后，阿德勒曾在《另一个面向》（1919年）这份把战争视为集体罪过的文章中，谴责共同体感觉的概念遭到误用一事（霍夫曼《阿德勒的生涯》）。阿德勒明白指出把战争的罪过推到战斗员或志愿入伍的人身上是错误的。

阿德勒即使没有把罪过推到他们身上，但在战争的背景下，他仍不得不把精神官能症病患再度送上战场。但是，共同体感觉所说的共同体，或是前面提到的整体中的一部分，只要不与现实中的共同体混为一谈，共同体感觉就不会遭到误用。

通常，人是隶属于复数的共同体。假设目前直属的共同体的利害关系，与更大的共同体的利害关系不相容的话，我们应该要以更大的共同体的利害关系为优先。当我们必须决定罹患战争精神官能症的士兵的待遇时，若以超越国家层面的共同体去思考，就不能因为这个人的病痊愈了，就再度把他送回战场。

因此，有些共同体的要求——以上述患者为例，为了国家而战这个要求——有时候我们也必须选择拒绝。脱离现状无法决定善恶，这个例子也是一样。我们无法决定某件事一定是善，某件事一定是恶。共同体感觉所说的共同体并不是现实世界的某个共同体。无条件认为服从国家命令就是善的想法，这与阿德勒所说的共同体感觉一点关系也没有。

对他人的关心

共同体感觉的原文被翻成英语时，据说阿德勒最喜欢"Social Interest"这个译文。"Social Interest"这个译文和德语的原文意思不同，比较不强调与共同体的关联性。对"social"也就是人与人之间的人际关系感兴趣，着重在对他人关心的部分。除此之外，共同体感觉还被译作"Communal Sense""Social Sense"等。有人认为"Social Interest"的优点在于，"'兴趣'（interest）比'感情'（feeling）或'感觉'（sense）更接近行为"。也就是说，比起作为被动者（reactor）的个人，更强调作为行为者（actor）的个人。

"兴趣"的英语"interest"可拆解成拉丁文"inter est"，意思是"在其中"或"在中间"的意思。"兴趣"的意思，是对象与自己之间有关联性。他人或者是他人所做的事并非和自己无关，把它们看作与自己有关系、有关联，就表示对别人关心。

但是问题在于，有些人认为他人与自己没有关联，因此对他人漠不关心，只关心自己。阿德勒的主张很简单，他一而再再而三地强调，我们要帮助那些只关心自己的人去关心其他的人。通过共同体感觉的英译来说明："对他人的关心"就是共同体感觉。阿德勒说，教育可以培养共同体感觉，意思就是要引导那些只关心自己的孩子去关心别人。

对孩子来说，母亲是他在这个世界上最初遇到的人。母亲是什么样的人，对孩子来说是很重要的问题。直截了当地说，就是他是把母亲当作同伴或敌人。若孩子是在被忽视、或被怨恨的环境下长大，他就会把母亲当作敌人。若是在受溺爱的环境下长大，他有可能会把母亲当作同伴。但溺爱孩子的母亲，或许不会教导孩子这个世界除了自己以外还有别的同伴。

对自己的执着

阿德勒认为"对自己的执着"，是个体心理学主要的攻击目标。很多人不承认他人的存在，对他人漠不关心，只关心自己。阿德勒认为在共同体中找到自己的归属感很重要，但这个观念并不是要大家把自己当作是世界的中心。把自己当作是世界中心的人，会认为他人都是为自己而活。只要他人不能满足自己的期待，他就会感到愤慨。这就是阿德勒说的"对自己的执着"。

共同体感觉就是用来衡量自己是否承认他人的存在，以及关心他人的程度的标准。因此，阿德勒很重视"共鸣"（《阿德勒心理学讲义》）。获得共鸣的前提是，一定要把对方与自己同等看待，时常去思考这个人在这个状况下会怎么做，也就是关心他人关心的事物。这种意义下的共鸣并不容易做到，但它是建立共同体感觉的基础。阿德勒认为"用他人的眼睛看，用他人的耳朵听，用他人的心感受"，应该算是共同体感觉可允许范围内的定义（《阿德勒心理学讲义》）。

为什么关心他人很重要，因为只要我们不能跳脱"如果是我的话（怎么看、怎么做）"这样的想法，我们就只能通过自己的生活形态去观看他人。就算真的只能通过自己的生活形态观看他人，也要了解自己的看法、感受方式与思考方式，不是唯一、绝对的，否则就无法理解他人。唯有那些以自己不了解他人作为前提，努力地想去理解他人的人，才能够真正地朝理解他人的目标迈进。要是一开始就觉得自己能够了解他人，丝毫都没想过自己的理解可能是错误的，这样的人就不可能正确地理解他人。

总是以"我"为视角思考的人，不仅无法理解他人，看待世界的角度也会变得以自我为中心。他们无法理解和自己想法不同的人，从来不在乎自己无法理解的人与现象，而是把他们从自己的世界中排除。

不仅是认识层面，精神健康的人不会认为他人应该要为自己做什么，而是关心自己能为他人做什么。

我对共同体感觉的解释是这样的，不仅在乎自己，也在乎他人。别人会帮助我，我也感觉到自己在与他人的往来中对他人作出贡献，我和他人处于一种互助合作的关系。

人无法脱离这个与他人共生的世界独自生存。我会受到他人影响，同时我也可以影响他人。在这个意义下，人属于整体中的一部分，只顾自己的人，无法获得幸福。

超越现实的理想主义

对于主张共同体感觉的阿德勒来说，战争使人与人互相对立，刚好是共同体感觉的另一个极端。

我在了解阿德勒的生涯时，觉得有一件事情十分不可思议。阿德勒在战场上亲眼目睹战争的悲惨现实，即使如此他仍对人类表达乐观的看法。即使他在战场上看见无数人类的愚行，仍没有对自己的主张产生动摇。

弗洛伊德目睹了同一场战争，却是构思出死亡本能。他认为人有一种自我毁灭的冲动，这份冲动如果向外发动，就会产生攻击性。弗洛伊德把这种攻击性称作是"人与生俱来攻击他人的倾向"。

相对来说，即使共同体感觉目前无法被实现，我们也可以把它视为一种规范的理想，而人应该朝这样的目标迈进。正因为阿德勒把共同体感觉看作是理想，我们才能找到"为什么阿德勒在战争如火如荼进行的时候，还可以构思出共同体感觉"这个问题的解答。

有人觉得当理想离现实太遥远时，揭示理想一点意义也没有。但是，理想原本就会和现实不一致。比如说，当有一条法律告诫人们不可以偷邻居家的鸡，就表示有人会去偷别人的鸡，假使都没有人偷鸡，那就不需要这条法律了。正因为有人会去偷邻居家的鸡，这条法律才有它存在的意义。加藤周一在谈到日本宪法第九条时提出了这个比喻，他认为法律和现实不一致是理所当然的，正因为不一致，用来作为处罚的法律才有它的意义存在（加藤周一《宪法第九条与日中韩》）。加藤的论点，我们可以理解。

正因为阿德勒目睹了战场上的悲惨现实，正因为共同体感觉这个想法对现实可以产生很强的作用力，促使他为了逃避战争的悲惨现实，产生作为理想的共同体感觉这个思想。如同我们前面提到的，共同体感觉是一种作为规范的理想。

把理想主义称作事前逻辑的话，那么自始至终都在说明现实的逻辑，也就是现实主义，应该称作事后逻辑。事后逻辑不具备改变现实的力量。带给阿德勒很大影响的马克思曾说过一句很有名的话："哲学家只会对世界作出各种解释而已。但重要的是我们要怎么改变它。"（马克思《关于费尔巴哈的提纲》）如马克思所说，阿德勒不满足于仅对这个世界作出解释，而是意图为这个世界带来变革。他提出共同体感觉这个新理想，就是为了改变这个世界。

阿德勒在替病患做治疗时，关心的不是针对现状的说明。针对现状的说明属于事后理论，无法满足阿德勒，因为他采用的方法不是原因论，而是目的论。采用原因论的心理咨询会追溯患者的过去来寻找问题的原因，并用来做说明。他们通过这样的做法，帮助患者把现在面临的问题，比方说病状的原因，归咎于他人或者过去，甚至是患者目前置身的环境。这么做虽然可以让患者认为问题的责任不在自己而感到安心，但光是这么做，现状并不会有任何改变。相较之下，目的论不是把眼光放在过去，而是望向未来，摆脱停留在追寻现状的窘境。治疗者会问患者，接下来你希望做什么。因为，只有朝目标踏出第一步，才有改变的可能。

阿德勒说，个体心理学是形而上学（《自卑与超越》）。希望把无法直接理解的事物从人生中排除出去的人，大概会对这种形而上风格的心理学有所批判吧。没错，"新理想"的直接经验尚未发生，它还在遥远的未来。但从直接经验中，根本找不出任何新的东西。对阿德勒来说，什么是直接经验？从个人层级来说就是竞争、怨恨，从国家层级来说就是战争。阿德勒认为只把目光停留在这些事实状况上，共同体感觉的想法就绝对无法萌芽。

共同体感觉的理想范本，无法从现实中找到。为了要关心他人，我们必须不把他人当作"敌人"，而是当作"同伴"，并认为这个世界基本上是一个安全的地方。这种意义的共同体感觉，确实无法从现实中找出它的完整形态。

但把理想当作指引我们方向的目标，就这个意义来说，它是有用的。人生本来就是不断地朝某个目标移动，"活着就是不断在进化"（《自卑与超越》）。

因此，即使知道理想无法从现实中寻找，又或者如阿德勒恰当地指出，我们无法拥有绝对性真理，正因如此，人更不应该向现实低头，至少可以努力朝理想迈进，或者说，我们必须努力这么做。这个道理套用在个人的人生中也是一样。不付出超越现实的努力的人生，除了停滞以外，什么也没有。

阿德勒可以对共同体感觉保持坚定如山的信念，其中一个原因就是他借此成功地治愈了精神病患者。如前面提到的，他认为对自己的执着才是真正的问题所在，只有把对自己的关心转变成对他人的，借此培养共同体感觉，才能成功治愈精神官能症患者。而他的实绩，也使他对共同体感觉的重要性产生确信。这份确信，使得即使战争这个残酷的现实摆在他眼前，也丝毫不能动摇他的信念。关于这点，我想等到后面介绍精神官能症时再加以详述。

维也纳在被德国占领之前，是欧洲最高尚、宽容，最富含机智与国际精神的都市。我们可以推想，这间阿德勒十分喜爱的维也纳咖啡馆里面所充满的开放性与友好性，如同土壤一样，让阿德勒孕育出共同体感觉这个支撑阿德勒心理学理论的重要支柱。曾在战争中目睹残酷现实的阿德勒，最后却提出共同体感觉这样的主张，关于这个背景，除了我们前面一直讨论的理想与现实之间的关系，若把战争前的维也纳的城市精神也列入考量，我们不难相信，阿德勒的想法绝对不是凭空迸发出来的。

但是，阿德勒提出共同体感觉之后，为什么那么多人从他身边离去？这背后的意义值得我们深究。

邻人之爱与共同体感觉

一般来说，在战争时期，我方应该会产生强烈的同伴意识，也就是所谓的爱国心才对。为了守护自己所爱的人、避免家人遭受敌人攻击，守护国家是理所当然的事，爱国意识也难免会高涨起来。但是，阿德勒所说的共同体感觉并不是这个，比较像是《圣经》中耶稣说的邻人之爱、要爱你的敌人这样的想法。弗洛伊德认为这个命令是"对于人类的攻击性最强而有力的拒绝"。

这个堪称阿德勒版邻人之爱的共同体感觉，并非只是当作口号喊喊而已。前面提到，归属感是人类的基本需求。每个人都希望把他人当作自己的同伴，并从共同体中找到自己的容身之处。小孩子作出许多大人眼中的问题行为，也都是出自他感受不到归属感，于是通过不恰当的方法，也就是给别人制造麻烦，想要借此获得关注，获得归属于共同体的感觉。

消极的人没办法拥有这种感觉。他们认为若自己不存在，别人会过得更好。但这个想法是错的。事实上，无论是肯定自己但把他人当作敌人，或是无法肯定自己但可以把别人当作同伴，都是不可能做到的事。肯定自己不是只要了解自己的长处就可以，还需要把他人当作是同伴；不只是被动地从他人那里获得好处，而是如同"共同体感觉"被翻译成"Social Interest"的想法一样，我们必须要关心他人，并作出贡献。

阿德勒在论及共同体感觉时，确实会使用"邻人之爱"这个词。当然，个体心理学并非宗教。但阿德勒的主张，从根本上来看，就是对弗洛伊德的批判。

"细读弗洛伊德的理论你会发现，这样的理论和被溺爱的孩子的态度没有两样。被溺爱的孩子认为我们不该否定人的各种本能，认为有他人的存在这件事是不公平的，他们总是问：'为什么我一定要爱邻人？''邻人也会同样爱我吗？'"（《儿童教育心理学》）

对弗洛伊德来说，邻人之爱是"理想命令"（Idealgebot），违反人的本性。邻人之爱是文化对人的攻击冲动发出的制止命令。伦理的目标就是除去文化最大的障碍物，即人与生俱来会攻击他人的倾向。

弗洛伊德说，当他第一次听到邻人之爱这种"理想命令"时，感到非常惊讶和意外。弗洛伊德对于邻人之爱的反弹非常强烈，他认为不认识的人不仅不值得爱，甚至还会唤起我们的敌意或憎恶。弗洛伊德质问："为什么非这么做不可？这么做有什么好处吗？最重要的是，这项命令要如何落实？有办法落实吗？"

会问这种问题的人，脑中所想的不是怎么去爱别人，而是如何被爱。相对地，拥有成熟的生活形态的阿德勒则说，即使没有人爱我，我也要爱我的邻人，借此轻松回击弗洛伊德的质问。

关于邻人之爱，阿德勒是这么说的："宗教予人最重要的义务经常是'要爱你的邻人'。为了增进对同伴的关心，我们看到很多人选择通过不同的方式，付出同样的努力。有趣的是，这种努力所展现的价值，现今已经可以通过科学的观点获得确认。被溺爱的孩子会问我们：'为什么我必须爱我的邻人？我的邻人会爱我吗？'他们会问这些问题，很明显是因为他们缺乏合作的训练，只关心自己的缘故。

"对他人漠不关心的人，人生中会遭遇莫大的困难，并为他人带来莫大的伤害。人类所有的失败都是来自这些人。许多宗教或教派都用各自独特的方式增进共同体感觉。我个人对于任何人以合作为终极目标所付出的各种努力，表达赞同。我们不必互相斗争、批评、低估别人。我们每个人注定无法拥有绝对性真理，但有许多途径可以让我们一起通往合作这个终极目标。"（《儿童教育心理学》）

阿德勒几乎把"同伴"这个词等同于"邻人"使用。阿德勒说，会问"为什么我要爱我的邻人"这个问题的人，表示他们缺乏合作的训练，只关心自己。有一次，阿德勒在谈到合作以及关心他人的议题时，被问到上述的问题。对此，他的回答非常明快："一定要有人先起头。即使其他的人不想合作，和你一点关系也没有。我的建议是，不如就先从你开始吧。不要去想别人有没有合作。"（《儿童教育心理学》）

弗洛伊德认为如果改成"像你的邻人爱你那样爱你的邻人",他就没有意见。但这种说法每个人都会。就好像一个人对另一个人说:如果你爱我的话,我就爱你。但耶稣和阿德勒谈的"邻人之爱",并不要求对方回报。

大概任何的理论或学问,都必须在个体的人生中出现飞跃性,否则无法发展下去。唯有非连续性的飞跃出现,人类的发展才得以持续。曾经跟在阿德勒身边学习的精神医师维克多·弗兰克(《夜与雾》作者),使用"量子飞跃"这个词来形容阿德勒的思想。认为阿德勒的思想就像无法用古典物理学说明的量子力学一样,突然产生很大的变化。想一想也有道理,若要使进步成为可能,与其叫年轻一代走过来,不如让我们直接跳到他们那里去。这样的跳跃、飞跃是从一个立场往另一个立场前进,而不是在同一个立场不间断地连续向上提升,是一种超越的姿态。对阿德勒来说,这种飞跃或许是通过战争经验产生的。阿德勒可以从亲眼目睹战争的残酷现实中构想出共同体感觉,靠的就是飞跃。

关于价值

前面提到,阿德勒在提倡共同体感觉的时候,很多人认为基于价值观的思想不是科学,所以离他而去。即使如此,阿德勒仍明确地主张个体心理学是价值的心理学,是价值的科学（《儿童教育心理学》）。

个体心理学是立足于目的论的理论，目的为善，它谈的确实是价值没错。个体心理学并不从机械性或因果性的角度解读个体的某个动作，而是认为个体作出某种行为之前，一定会产生某种意图，并借此来订立目的或目标。这个意图或目的的样貌并不明确，有时候是在无意识下产生，但它一定是"善"。这里说的"善"，如前所述，并不具有道德上的意义，而是对自己来说"有好处"的意思。所以很明显，个体心理学谈的是价值没错。

看到这里大家应该知道阿德勒并不赞同价值相对主义。那么，为什么他要提倡共同体感觉，要大家把他人看作是同伴，并对同伴作出贡献？为什么他要坚持这样的理想呢？为什么他觉得做这件事情很重要呢？接下来我想探讨这些问题。

比如说，当我们看到红花开时，就常识来看，我们会这么想："这朵花是红色的。"这个句子中，主语是花，谓语是"红色的"。"红色的"就是花拥有的"性质"（为了方便，后面的讨论中皆用F替代）。因此，拥有性质的"物"和附属于"物"的性质（属性）是被区分开来的。"物"是独立存在的实体，性质则是附属于实体，由于它必须依附实体才能存在，所以被称作属性。

比如说某样东西的性质产生变化，性质虽然变化，但背后一定有一个持续存在的"物"（各种事物、现象、人）。

就像某人换了帽子，帽子的种类改变，但戴帽子的人是同一个人一样。通过性质的变化，我们可以发现背后持续存在的"物"，而这个物就称作"基质"（Substratum）。

因此，对应"这朵花是红色的"这个用主语、谓语构成的句子来说的话，就是：实体或说是基质（这朵花）拥有属性（红色）。

这样的观点，以认识论（知觉论）来说的话，相当于知觉因果论（Causal Theory of Perception）。承载性质的某样东西，必须是与性质区别开来，不具备任何性质，也就是纯粹至极的"物"才行。这种性质的承载体也就是"物"，或说"基质"，它不拥有可以被感知的颜色、声音、味道。但这样的"物"却会引发知觉，或说是知觉形成的原因。但这里无论是用"引发"，或是伴随、对应、反映，都没有清楚说明它的真意。

不拥有一切性质、纯粹至极的"物"是什么？比如说石头，石头是白色、冰冷、坚硬等各种知觉性性质的集合。而且，石头本身就是一种性质，和白色、冰冷、坚硬等形容词类型的知觉性性质，没有任何认识论上的身份差别或资格差别。于是，我们就可以假设这个世界的基础就是由这种没有知觉性性质的"物"所组成的。

就日常的思考或语言而言，提出这样的看法，或是延伸到科学性的思考，大家都可以接受，没有问题。这样的看法虽然可以成为看待这个世界的方式之一，但若把它理解成为世界终极存在的方式，就会出现问题。假设世界终极的基础只有"物"是真实的，那么这样的世界势必是一个非常奇怪的世界。因为所有的知觉性性质都成了假的"物"，真实的世界和人认识的知觉变得毫无关联。

即使你有真实的感觉，但从"客观的"指标判断，你的感觉会被认定是"假的"。如果前面说的为真，那就意味着所有的知觉性性质都是假的，真实的世界和人认识的知觉毫无关联。比如说井水一整年的温度应该都是一样的，但从感觉上来说，夏天比较冰凉，冬天比较温暖，所以我们要说，我们的感觉是"假的"，只有十八摄氏度的温度才是"真的"，是这样吗？

假设认同这样的看法，那么颜色、味道等一切的知觉性性质不仅会被排除在世界终极的基础之外，恐怕连非"物"的生命、心、目的、价值，全都要被排除在外。这种世界观就成了脱离价值自由的，或说是"价值中立"（value-neutral）的世界观。

还有，若"物"与价值的世界产生偏离、分裂的话，如同与事实相关的"客观性知识"、与价值（善）相关的主体性智慧这两者的区分法一样，人的知识形态也会因此分道扬镳了。如此一来，价值、道德、伦理的问题不能成为严密的知识，或者说我们再也无法从"is"（是）引导出"ought"

（应该）的知识。

但是感觉、目的、价值这些东西，在这样的世界观中完全缺乏吗？或者说，正因为这些东西都是先决条件，所以为了弥补缺乏的，还要假想一个独立于"物"的世界之外的二元论世界观。

认为价值中立的世界观才是"科学"的人，无法将阿德勒的思想看作是科学，因为阿德勒把共同体感觉的价值放在首位。但是，假设全面性地不把价值这个被视为虚伪的"物"列入考量的话，那么价值中立的世界和我们认知的现实世界实在相距太远。相反地，我们正活在这个把价值中立的世界观当作是"假"的，而且排斥它的现实世界中。

柏拉图的目的论

阿德勒采取的目的论，或阿德勒排斥的原因论这些概念当然都不是在阿德勒的时代突然迸出来的。这些概念早在希腊哲学时期就被讨论过。只是我认为把目的论应用在临床上，阿德勒应该是第一人。接下来，我希望试着通过柏拉图的想法，为阿德勒的思想建构基础。

柏拉图消解了作为世界基础的"物"的实体。他否定了"物"的实体观念，也否定了作为世界样貌的终极基础"物"形而上的资格与身份。

就常理来说，知觉的"对象"（X）应该是永恒不变的实体，而且先于知觉存在，或者说即使离开知觉的现场，它们仍存在并存续于知识的世界中，它们会被当作是引发知觉的原因，或是知识的根据（这就是"知觉因果论"）。但是柏拉图彻底分析感觉性知觉，阐明知觉的世界若没有"理型"（∅）则无法独立存在，会彻底地还原成动态与变化。

阿德勒很喜欢下面这则寓言。

儿女们围绕在临终前的父亲床边。儿子走上前，希望父亲说出他所知道的未来为何。

"只有一件事情是确定的。那就是没有一件事是确定的，所有的事物都在变化。"

以前面举的石头为例，根本就不存在承载石头本身白色、冰冷、坚硬的知觉性性质的实体或基质，有的只是偶尔会出现的知觉性性质。

我们看花时，一般不会说"这朵花好漂亮"，只会说"好漂亮"。对于这样的直接性的语言表达，经过分析后我们知道这句话的意思应该是"这朵花好漂亮"，但在知觉的现场，出现的不过是"知觉像"（recept）或说是"知觉性状"而已。

肚子痛的意思是痛这个知觉出现在肚子这个地方，并不是肚子这个实体拥有痛这样的知觉性状。

但是，柏拉图不采取上述的知觉一元论、现象主义的立场，因为在感官世界中，找不到可作为真正知识根据的恒久不变的事物。

以阿德勒的理论来说，即使大家都体验了某个事件，但这个事件对每个人造成的影响都不一样。人会通过各种方式对某个事件或自己置身的状况赋予不同的意义。因此，即使某人经历了多么悲惨的体验，这个体验不一定会直接对当事人造成影响或心理创伤。假如他判断这件事有可能会造成心理创伤，并赋予这样的意义，他就会受到心理创伤。

用前面的说法，被认为会造成心理创伤的事件，比如说自然灾害，或被卷入某个事件，假设这些经验为X，那么说X就是引发心理创伤的原因，这样的说明无法解释其他同样经历了X却没引发心理创伤的案例。同样的身体状态（X）却不一定会引发同样的症状。有时候，X的经验没被确认，但当事人的身体仍产生症状。这个时候即使对患者说"就数据来看你的身体应该没有产生症状"，但这样的说法对患者来说没有意义，因为现实状况是，他的身体产生症状了。

孩子的问题（或说被认为是有问题的）行为不应该被当作X，重要的是如何解释以及赋予它意义。这就是F。随着看待问题的方式不同，问题行为本身就会变得不同。就像对过去的经验赋予不同的意义，改变的不只是意义，而是连过去的经验都会跟着改变。生活形态就是我们对现在这个世界或自己赋予意义的方式，如前述，当我们被问到早期回忆，只能回想起与目前生活形态相符合的回忆。假如当前的生活形态改变了，回想起的记忆也会跟着改变，即使是同一个事件，当不同的故事被回想起来时，我们可以说他的过去跟着被改变了。

要怎么对这些事情赋予意义因人而异。但是，所有被赋予的意义都是同等正确的吗？答案是否。某种食物好不好吃，答案因人而异，反正都不会产生致命的结果。但假如问题是这个食物对身体有没有害，那就不能恣意做决定了。人生是否能活得幸福也是一样，不可以恣意做决定，重点不在于别人认为你幸不幸福，就算别人认为你很幸福，实际上你却不幸福，那就一点意义也没有。

因此阿德勒虽然认为人会用各种特有的方式赋予这个世界意义，但不是确认完事实就结束了。人既然活在这个世界上，就必须去思考怎么面对这个世界、面对他人以及自己赋予什么样的意义才能活得幸福。

为什么"理型"（Ø）是必要的，这是个大问题。因为作为客观对象的物理性事物必须独立存在于知觉之外，基于这个原因，若排斥"产生知觉像"这样的看法，又不坚持现象一元主义的话，那么就必须回答下面这个问题：要到哪里去寻求产生知觉像的原因。

简单来说，当我们看到某个很美的东西，会说出"好漂亮""好美"，这个根据的终极来源就是"理型"（Ø）。有这个理型才能支撑"好美"背后真正的意思，使这句话的意思成立。

　　一般来说，所谓了解F的意思是指，当某件事物出现时，我们可以辨别它是F（或不是F）。但这样的辨别为什么不是放诸四海而皆准？也就是说，我辨认美的知觉像，别人不一定这么认为，又如我过去曾辨认为不美的物，现在又辨认为美。第二个问题是，为什么同一个人也好，不同的人也罢，都会因为经验程度的不同，使辨别内容产生差异。当我们看见某样东西觉得美的时候，绝对不是和过去看过的许多美的事物做比较之后，才认为眼前的东西是美的。比如说，即使是第一次看到的美丽景色也可以让我们心旷神怡，或是第一次看到漂亮的人就可以吸引我们的目光。

　　这个问题探究到最后，只有一个可能，那就是对F的辨别，有某种"先验性"（先于经验）的东西在发生作用。那就是使F本身成为"理型"。

　　"现场出现了美的知觉像"，对于这个状态的描述进一步作思考，你会发现仅仅是这样的描述根本无法成立，美作为美的显现，必须在辨认美的过程中，有一个先验性的美的"理型"作为理想、规范、基准，然后发挥作用，这时候这样的经验状态才得以成立。

　　理型并不会在这样的经验中通过现实的知觉像显现它本来的样貌，但当我在辨认现实的时候，它就会发生作用，成为辨认得以成立的原因或根据。

以上完全是从认识、知觉的面向讨论∅是否存在于F的辨别过程中的运作方式。同样的看法也可以用在讨论目的论与原因论的差异而产生的行为。也就是说，某人对于某件事赋予某种意义，他这么做是有目的的。甚至，站在原因论立场的人，认为过去的事件是造成心理创伤的原因，其实他用这种方式赋予事件意义，背后也是有他的目的。从这层意义来看，原因论和目的论的看法并无对立，反而都被统合在目的论之中。

把某个知觉像当作对F的辨别，就等于这个知觉像是由F决定的，看的人必须接受这样的信号，并对这个信号作出反应、处理与应对。比如说看见绿灯时，我们感知并辨认它是绿色的之后，立刻认定它是"通行"的信号，并开始作出横越马路的行为。

任何一个知觉像都有它特有的性状，这个性状就是意义，或者说是价值。以行为来说的话，某位老师在上课时，视野的一隅看到一名学生不认真听课反而在睡觉，老师把目光停留在那名学生身上，这个知觉像看在老师眼里可能呈现"必须责备"的性状，也可能是让他作出"不用特别做什么"的判断的性状。

开车开到出神时，前面突然有行人穿越马路，驾驶人一旦感觉到这个知觉像，会立刻作出踩刹车的行为。除了这种紧急状况以外，我们在作出某个行为之前，都会先判断它是否为善。比如说，我正在进行饮食限制，但眼前有一块面包，我看那块面包正显示出"引起我食欲"的性状，这时候我必须判断吃下它对自己是否为"善"。我刚才用"那块面包显示出引起我食欲的性状"这样的写法，不用说，在看到那块面包显示出那样的性状时，就表示我已经赋予它意义，加入自己的判断了。有些时候，不管肚子再怎么饿也不可吃东西。即使如此，我最后（还是忍不住）仍吃下面包的话，不是因为我输给自己的食欲，而是我判断这么做是善的缘故。

重要的是理型和现实不可混为一谈。F 光靠自己无法自立，相应地 Ø 也无法离开 F 而存在。Ø 把知觉像、现在、过去的经验当作辨别 F 的根据。

这个世界的许多事物都可以认出理型的影子，某种程度可以让我们唤起对理型的记忆。我们只能通过这样的方式了解理型。对理型的认识越深，就越不容易与人世的事物混为一谈。理型与现实混为一谈将会开启偶像崇拜的大门。这件事对阿德勒心理学而言有什么样的意义？让我们继续观察下去。

共同体感觉的验证

前面也说过，阿德勒主张的共同体感觉是一种理想。无论是共同体本身也好，或是共同体感觉所指涉的状态也好，都绝对不可能在这个世界上展现出它完整的形态。因此，对

115

思想保守的人而言，阿德勒的思想非常激进。另一方面，阿德勒在谈论共同体感觉时，总是会强调对他人的贡献（关于这一点我们尚未说明）的意义，这一点从利己主义蔓延的今日来看，又显得保守。

阿德勒所说的共同体是用"Gemeinschaft"这个词。通常与"Gemeinschaft"对应的词汇是"Gesellschaft"，指的是目的导向社会、利益导向社会等人为形成的社会。滕尼斯（Tönnies，德国社会学家）认为"Gemeinschaft"才能让家族等团体的成员感情融洽。通过全人格的方式互相结合的社会，是自然共生关系的基础。

神学家八木诚一把完全照耶稣的话语去做的社会，称作完全不求回报的"赠与型"社会（八木诚一《耶稣与现代》）。这一点和"Gemeinschaft"的概念很像，但他也注意到这两者之间有一个决定性的差异。

"仔细想想，这两个概念的差异是决定性的。因为Gemeinschaft是指内部的人感情好，但对外则是显露封闭性，要成为他们的成员是非常困难的事。此外，即使他们内部没有斗争，但对外容易产生歧视性、敌对性的看法。"（八木诚一《耶稣与现代》）

非成员的人就会被贴上"外人""敌人"的标签。但是，以耶稣的立场来说，如同他在"好撒马利亚人的比喻（Parable of the Good Samaritan）"中指示的：对一个好撒马

116

利亚人来说，爱的对象，也就是邻人，甚至应该包括那些会歧视、冷淡对待他的犹太人，也就是"外人""敌人"。

"在这里，耶稣所谈的人际关系和 Gemeinschaft 式的人际关系不同。换言之，对耶稣来说，沟通的对象可以无限拓展，而不像 Gemeinschaft 那样有限制。"（八木诚一《耶稣与现代》）

从这样的说明来看，阿德勒所说的共同体应该不是大家一般谈论的共同体，而是相当于赠与型社会。阿德勒把"敌人"当作"同伴"。当阿德勒说到"人"与"人"互相"结合"时，他指的人，是超过闭锁性社会的范围之外的人。就这个意义来说，阿德勒所说的"共同体"是崭新的思想。

阿德勒主张的共同体感觉的"共同体"是指无法达到的理想，绝对不是指既有的社会或国家，这一点再怎么强调也不为过。阿德勒认为的共同体是"类似人类达到圆满目标时的永恒概念"，"绝不是从现在的共同体（Gemeinschaft）或社会（Gesellschaft），以及从政治性或宗教性的角度讨论问题。"（《自卑与超越》）若不是用上述的方式解读阿德勒所主张的共同体，看到阿德勒的思想中提到人是"全体中的一部分"这样的说法时，应该很容易把它解释成为"极权主义"吧。

阿德勒提倡共同体感觉，很明显是基于某种特定的价值观所选出的一种世界观。阿德勒把它作为理想提倡，而这个理想在这个世界尚未被完全实现。

共同体感觉的概念遭到误用这件事，阿德勒在自己的著作中也曾提及。比如说，他举了一个例子，在战争中军队的最高司令官明知大势已去，依然派数千名士兵赴死。当然，司令官会主张，他这么做是为了国家的利益，大概同意他的人也很多，但阿德勒认为："今天，无论任何理由，我们都很难把他看作是志同道合的同伴。"（《性格心理学》）阿德勒把这件事作为共同体感觉遭到误用的例子。

他又举了另一个例子。某位老妇人在搭乘市区电车时，脚不小心打滑跌倒，摔在雪地上，但没有人上前帮忙。终于，某个人走到老妇人身边把她扶起来。一瞬间，有个藏身在暗处的男性跑上前来，对来帮助老妇人的男性打招呼说："我终于等到一个好人了。我在这里站了五分钟，等着看到底有谁会来帮助这位妇人，你是第一个。"（《性格心理学》）

对他人的关心、对他人的贡献，重点明明是自己应该怎么做，但任何一个时代就是会出现像这名男性这样的人。共同体感觉并不等同于理想（用前面讨论的说法就是理型），所以我们要不断地斟酌、判断别人说的究竟是"真正的共同体感觉，或是遭到误用的共同体感觉"（《性格心理学》）。

第五章

优越性的追求
——解决问题的勇气

优越情结与自卑情结

阿德勒认为，作为全体之一的个人，会以追求优越性为目标而行动，想要脱离软弱无力的状态而希望变得更加优越，这是每个人都有的、显而易见的欲望（《阿德勒心理学讲义》）。

"能让所有人产生动力的，就是对于优越性的追求。这是对我们的文化作出贡献的泉源。人的生活全体就是沿着这条活动的粗线，由下往上、由负往正、从败北往胜利行进。"（《自卑与超越》）

与它相对的概念就是自卑感。阿德勒认为，这两种情结每个人都有："追求优越性或自卑感本身都不是病，它们会为健康、正常的努力与成长带来刺激。"（《阿德勒心理学讲义》）

前面几章，我们从器官缺陷切入，谈到阿德勒对于自卑感的想法。另外，作为全体之一的个人，会把优越性当作追求的目标之一，这一点我们前面也略微提过了。但要注意的一点是，追求优越性的目的并不是为了补偿自卑感。如果把补偿自卑感视为追求优越性产生的原因，这样的想法属于原因论。所以阿德勒提倡一般性的目标追求的概念，把优越性的追求看作是根源性的追求，而自卑感只是它的"副产物"而已。

但是，强烈的自卑感与过度追求优越性的现象，分别会造成自卑情结与优越情结，阿德勒认为它们在某些层面对人生并没有用处。自卑情结若再增强，就会变成精神官能症。优越情结就是过度追求优越性的状态，我们可以说它是个人性的优越性追求或是精神官能症性的优越性追求。

因此，阿德勒并不否定优越性的追求，而是质疑人面临难题时，通过追求个人性的优越性作为解决途径的做法。一般人不会有优越情结，也不会有优越感。会特别强调自己很优秀，还向他人夸耀这件事的人，不但不会去质疑自己是否真的优秀，甚至实际上不优秀也要装作很优秀的样子。问题出在一直要表现出比别人优秀的态度，因为这表示这个人非常在意他人的评价，喜欢回应他人的期待。为了让自己看起来比实际更高大，他会刻意踮起脚尖，希望能获得更多的"成功与优越性"（《阿德勒心理学讲义》）。

像这样的人，虽然一心希望获得他人的期待，但他所受到的瞩目和期待的程度，可能不如自己心中所想。不仅如此，他还会对自己持有过高的理想。假使现实的自己无法达到这个理想，他就会为理想与现实的偏离所苦，用情绪性的方式责怪自己。

有优越情结的人，总是希望让自己看起来比实际更优秀，但这样的人不但无法克服那些唯有自己积极努力去处理才能解决的问题，还会促使他选择逃避。当他人对他自己期待的形象，和他的现状相差太大时，他甚至会产生放弃变得优秀的念头。或者，为了让自己彻底放弃变得更优秀，他会订立一个现实中的自己绝对达不到的理想。无论如何，个人性的优越性会让人觉得自己很优秀这件事很重要，但努力追求个人性的优越性，将使得"面对与解决人生问题"这件事无法被列为最优先的目标。

这些拥有异于常人的野心的孩子，时常处于困难的状况中。关于这一点，阿德勒说："因为我们习惯用成不成功之类判断一个人，而不是通过那个人面对困难、超越困难的能力判断。不仅如此，我们的文明，不太重视根本性的教育，比较重视显而易见的成果或成功。"（《儿童教育心理学》）

作出成果确实有它的必要性，但不是只要拿出成果就可以了。更不是为了拿出成果，做什么事都无所谓。

许多人面对困境时，关心的不是自己有没有克服的力量，而是显而易见的成功。但是，"几乎所有不用努力就能获得的成功，都很容易毁灭"（《儿童教育心理学》）。这样的人假如没成功，要他再回过头来面对人生的困境，简直难如登天。

还有一个问题，即使成功了，这些满脑子只想着获得别人认同的人，一定要获得别人的赞赏他才会感到满足。这样的人似乎没有他人的赞赏就无法活下去，而且容易被他人的意见左右。关于这一点，我们会在后面讨论现今普遍的赏罚教育（责骂和夸奖）的问题时看到这个现象。先不讨论成不成功，就连在日常生活中，很多人作出恰当的行为，都一定要获得认同才会感到满足，或者为了获得别人的认同，才会作出恰当的行为。

这一点与前面看到的共同体感觉有什么关联呢？这些只考虑拿出成果，即使成功了也要获得别人的赞赏才感到满足的人，一点也没有为他人着想，是为了自己着想。

还有些情况是，他的优越性并不那么显而易见。比如说，有些人觉得，只有自己在受苦。这样的人总觉得，自己明明已经受了那么多苦了，但周遭的人却都不理解自己。这时候，对他而言，他人就会变成敌人。比如说，这样的人生病了，他身旁的人担心自己会不会说出什么不恰当的话，所以与他接触时都十分小心谨慎。周遭的人很难理解他生病的事。即使他可以明确指出身体某个部位的疼痛，拥有同样疼痛经验的人或者可以想象那种疼痛程度，他们只能理解自己的感受，对病人的痛苦理解有限。精神上的痛苦就更不用说了，这种痛苦只有当事者了解，不能因为别人不了解就责怪对方。即使如此，他们仍责怪他人，让别人小心翼翼地对待自己，借此让自己取得比别人更优势的立场。或者说，他们认为自己唯有通过这个做法，才能取得优势地位。当然，并不是所有生病的人都是如此。

还有一种人是不努力改善自身状况，内心惶惶不安，通过接受别人的帮助，来追求自己的优越性。精神官能症患者总是希望别人帮助自己，希望别人把注意力都放在自己身上。他们认为，他人应该要服务精神官能症患者，通过他人对自己的服务，让自己成为拥有优势的人。

精神官能症患者面对人生问题时会犹豫、裹足不前，或者借由撤退，与人生问题保持距离。他会把自己放在一个确保自己可以成功，或者可以控制他人的位置。他们想追求的无非是轻松得来的优越性。这种字面意义上的优越性的追求是错误的，我会在后面整理出它的特征。

天才的事迹

说到这里，让我想起杜·普蕾，这位年纪轻轻就成名的天才大提琴家。杜·普蕾二十八岁时因为多发性硬化症病倒。她在某场演奏会中，突然失去手腕与手指的感觉。这对大提琴家的生涯来说是致命的疾病。

精神科医师R.D.连恩曾在自传中谈到杜·普蕾。他说杜·普蕾发病一年后，双手几乎永久丧失共同作业的能力。但某天早上她醒来，她的双手奇迹似的恢复功能。这个短暂的恢复只维持四天。在这段时间，虽然她已经很久都没练习大提琴了，她仍把握时间完成了几首具有纪念价值的曲子的录音演奏，包括《肖邦和佛瑞的大提琴奏鸣曲》。

连恩用杜·普蕾的例子作为器质性损坏无法逆转（当症状是经由组织异常引起时，将无法恢复到原本的状态）的反证案例之一。但我想关注的层面和连恩不同。我想杜·普蕾应该没有预料自己会恢复。那天早上，她虽然知道双手的功能恢复了，但不晓得可以持续多久。结果只持续了四天。即使如此，她仍把握这个机会赶紧录音。这就是杜·普蕾对生命的态度。要是她满脑子只关心自己，她绝对不会用这段短暂的恢复时间为自己的演奏录音。我认为杜·普蕾这时候追求的优越性绝不是为了自己。

杜·普蕾长期与病魔奋斗，最后于四十二岁时去世。自从发病后她再也无法从事大提琴演奏的活动。不难想象这件事对她而言是一件多么痛苦的事。她究竟是如何度过这段太过年轻的晚年岁月的呢？她的传记中写道，她虽然生病了，但并非无法行动，也曾因为心情混乱，作出脱序的行为。虽然她无法从事大提琴家的活动，但仍然站上舞台当一个打击乐演奏者，或担任普罗高菲夫的《彼得与狼》的朗读者。她的传记中提到，她尽可能通过各种方式，持续站在舞台上。杜·普蕾作为一位音乐家是伟大的，但更让人敬佩的是，她作为一个人，不屈服于原因和治疗方法都不明的疾病，坚毅地过完一生，我认为这才是她的伟大之处。杜·普蕾的晚年完全体现出不是"为了艺术而艺术"，而是"为了人生而艺术"的生活态度。

"天才是最有用的人。而艺术家对文化有用，可以为大众的闲暇时间带来光芒与价值。这个价值是真的，不是散发空虚的光芒，而是依存于高度的勇气与共同体感觉。"（《人为何会罹患精神官能症》）

不限于像杜·普蕾这类的天才，只要不是为了追求成功与名声，或是不认真、希望轻松获得个人性优越性的人，一般人也可以追求杜·普蕾追求的这种优越性，经常把共同体或他人纳入自己的视野当中。

为了改变世界

阿德勒成为医师，并非为了获取成功和名声。阿德勒希望把这个世界变得更美好。

前面提过很多次，阿德勒在幼年时期因为得了佝偻病，身体无法自由活动。他曾回想起，某天与身体健康的哥哥西格蒙德见面时，他自己包着绷带坐在长凳上。

阿德勒四岁时，比他小三岁的弟弟鲁道夫罹患白喉。当时这种疾病尚未为人所知，因此阿德勒仍和弟弟睡在同一个房间，没有做任何预防感染的措施。某天早上醒来，他发现睡在隔壁床的鲁道夫身体变得冰冷。

阿德勒自己也曾在五岁的时候感染肺炎，差点失去性命。事情是这样的，在某个冬天的日子里，他被一位比他年长的男生带去溜冰。当阿德勒正要开始溜冰时，转头发现那名男生却早已不见人影。传记上只提到那名男生不见了，没提到原因，可能是那男生觉得太冷自己先回去了，也可能是他来溜冰没跟父母说，怕挨骂，所以丢下阿德勒，自己先回家了。

阿德勒就这样一直站在冰上，天气越来越冷。那名男生一直没回来。内心感到不安，受了风寒的阿德勒，最后总算靠自己找到回家的路。他一回家就躺在沙发上睡着了。大家都没发现阿德勒的异状，直到晚上才把医师找来。他父亲给马装上雪橇，半夜穿过维也纳的街道，才把医生请来。这时候，阿德勒已被医师宣告放弃。弟弟才过世没多久，所以当他被医生宣告即将死亡时，阿德勒完全可以理解。但后来，奇迹发生了，他的肺炎痊愈了。就在这时候，阿德勒下定决心要当一名医生。

由于弟弟的死，以及自己从小体弱多病与死神打过交道的经历，使他很早就开始关心死亡的问题，并下定决心要当一名医生。阿德勒说："我从小就对死亡的问题很熟悉。"
(《儿童教育心理学》)下面关于这位少年的描述，其实和
阿德勒自身的经历有所重叠。

"假设有一位少年周遭时常发生疾病和死亡的威胁。这
名少年长大后可能会成为一名医师，希望通过与死亡搏斗的
决心，平息对死亡与疾病的恐惧。"(《人为何会罹患精神官
能症》)

但不是每个人都会因为这样的经验而下定决心成为一名
医师。孩提时期经历身边的人死亡的经验，对孩子的内心会
造成非常强烈的影响，有时候甚至会令他生病。

以我自身的经验来说，小时候的我原本过着无忧无虑、
根本不知死亡为何物的日子，忽然在念小学的某一年内，连
续经历了祖父、祖母、弟弟的死亡。这些经历使我了解到一
件事，那就是人生总会有结束的一天。但对于死亡这件事，
我无法知道得更多，虽然我试着向周遭的大人询问死亡为何
物，但没有人肯回答这个问题。现在回想起来，他们应该是
不知道怎么回答吧。于是，我必须一直面对这个没有答案的
问题，使我有很长一段时间精神陷入忧郁的状态。

阿德勒举了一个例子，有一个因为姐姐死去而受到很
大的震动的孩子，被别人问到将来做什么时，他回答是挖墓
工。他说，因为"我想埋葬别人，而不是被别人埋葬"。另一
个孩子则回答，他想"成为生与死的主人"，所以长大想当一

名死亡执行人（《阿德勒心理学讲义》）。

阿德勒终于不辜负家人的期待，进入维也纳大学医学院就读。比起成为研究者或专家，他更希望当一名临床医师去治疗病患。但医学院的课程比较不重视对患者的关心和治疗方式，大多重视实验或诊断的正确性，因此他觉得这些课非常无聊。取得学位之后，他在综合医院"外来患者检查科"工作。由于出身的关系，阿德勒直到1911年为止仅持有匈牙利的公民身份，所以他只能以志愿者的身份在综合医院工作。在那个没有社会保险制度的年代，奥地利的综合医院专门被建来给劳动阶层的人们提供免费的治疗服务。阿德勒在那里当眼科医生，不支薪，纯粹为病人服务。这也是阿德勒对社会主义关心的缘起。

结婚后，他自己开业当内科医生，全年无休地工作。从早晨到深夜，他不是为病人看病就是在勤奋地学习。有时他为了和朋友讨论事情晚上会去咖啡馆，很少待在家里。阿德勒是一位充满理想、对工作十分热忱的医师。

亲切和蔼又能明辨是非的阿德勒，很快地成为备受尊敬的医师。不管是患者或同事都知道，这位医生似乎拥有超人般的直觉，每每能作出精准的诊断。对于想通过医疗活动改变这个世界的阿德勒来说，患者的经济能力不够并不会造成他的困扰。

某次，阿德勒曾说过这样的话。说话的对象是接受阿德勒教导，后来成为阿德勒心理学指导者的阿尔弗雷德·法劳（Alfred Farau）。是年，阿德勒五十七岁，法劳二十三岁。

"阿德勒老师，您会认为人无论如何都难逃一死吗？"

"如果我会这么想，大概就不会成为医师了吧。我想和死亡奋斗，杀死它，控制它。"

但是我们都知道，医学发达或许可以在某种程度上让人逃离死亡的魔掌，但人最终仍难逃一死。阿德勒非常反对"死后的生命"这类无法证明的理论。他也否定"心灵主义"（Spiritualism）、占星术、心电感应。他认为，宗教性的信念大多是为了让人忘记自己可以控制自己的命运，借此模糊个人的责任（阿德勒认为个人的责任与人类的进步息息相关）。

但是，阿德勒不至于否定宗教。这一点和弗洛伊德把宗教视为一种普遍性的强迫症的看法，呈现鲜明对比。关于宗教和生活形态的关系，我想留到后面再详述。

把话题拉回到阿德勒与法劳的对话。法劳问：

"老师，想到'这个我'会死掉，您不会感到害怕吗？"

"不会，我不会感到害怕。很久之前，我就和这个想法和解了。"

阿德勒不把人会死这件事，看作是不幸的事情。

"即使现在所有正享受的事物化为乌有，我也不觉得自己很不幸。"

到底阿德勒是怎么和死亡和解的呢？对阿德勒而言，死与生密不可分，紧紧相依。

法劳最后一次见到阿德勒是在1935年，即阿德勒去世的前两年。

"记得以前你曾问我为什么要当医生对吧，因为我想杀死'死亡'。"

阿德勒停顿了一下，继续往下说："我没有成功，但我在过程中发现了一样东西——个体心理学。我认为它很有价值。"

阿德勒于1897年与拉依莎·艾普斯坦相遇并结婚。拉依莎是俄罗斯的才女，来到维也纳留学，与阿德勒在社会主义读书会中互相认识。拉依莎和托洛斯基十分熟识。阿德勒和拉依莎生下四个子女，瓦伦婷（Valentine）、亚历珊卓拉（Alexandra）、科特（Kurt）、柯妮莉亚（Cornelia）。其中，亚历珊卓拉和科特长大之后成为精神科医师。

后来，阿德勒发行了一本与公共卫生相关，名为《裁缝业的健康手册》的小册子。阿德勒很早就对社会医学感兴趣，这是一门专门研究健康、疾病与社会性因素之间关系的学问。阿德勒把成为医师当作是拯救人类的手段，他希望改变这个世界，而不是为了增加个人的财富（霍夫曼《阿德勒的生涯》）。

如同前述以及后面我们会陆续提到的，阿德勒想做的事情不仅是通过治疗的实践改变世界，根据他与法劳最后的对

话，还包括了创建个体心理学的体系。阿德勒说："当你站在错误的立场看事情，心理学几乎派不上用场。"（《儿童教育心理学》）

阿德勒放弃通过政治改革救济人类，而是希望通过育儿、教育等个人的"改革"改造这个世界。他不把重心放在研究上，而是专心于治疗、育儿、教育，并在世界各地演讲。

"善"的终极目标

接下来，我想确认目的追求性中的"优越性追求"的定位。

"器官缺陷、受到溺爱、受到忽视，这些状况常会让小孩子订立与个人幸福或人类发展互相矛盾，只为了满足征服感的具体目标。"（《自卑与超越》）

阿德勒把工作的"据点"转移到美国之后，在维也纳承接阿德勒工作的莉迪亚·吉哈认为，人各自拥有不同的出发点和目标，她把终极性的目标称作"综合性目标"（Overall Goal），把个人自己决定的目标称作"个人性或具体化的目标"（Personal or Concretized Goal）。综合性目标指的就是力量、美、完美、神等，每一种都是最高的理想，这些目标未必可以被达成。相对地，比如说以力量为目标的人，他的愿望说不定是当一位拳击手。这时候，想成为拳击手这个目标就是个人性或说是具体化的目标。阿德勒也有类似的说法，像是"一种完美观念的具体化"，以及"比如说，有某人把这个目标具体化时"。

我认为吉哈所说的综合性目标，就是善、幸福。从前面引用的阿德勒说过的话也可以得知，人在订立目标时，以个人层面来说应该是幸福，以人类层级来说应该是进步，但实际上人在订立目标时，却总是订立一些对于达成这些目标毫无贡献的目标。"我们没有人知道，哪一条道路才是通向完美的唯一正确的道路。"（《自卑与超越》）比如说，有些人认为完美的目标应该是自己可以掌控他人。

我认为阿德勒说的优越性应该被包含在柏拉图认为的"善"这个终极目标之中。

如前述，"善"这个字本来的意思是指对自己"有用处"的事物。人绝对不会去追求自己不想要的事物。唯有这种善，才是人最终的行动目标。为了实现这个目标，人会订立次要的目标。

后来的德瑞克斯（Rudolf Dreikurs）或野田俊作就把不恰当的行动目的，例如"权力斗争""复仇"等，看作是为了达成终极的善（幸福）所订立的次要目标。

优越性追求同样是次要目标之一。我们在后文会看到，追求个体的优越性对于实现善来说，并非有效的次要目标。阿德勒后来放弃"对权力的意志"，虽然不是一般人普遍的目标，但有些人会把它视为达成善的次要目标。

正确的优越性追求以及错误的优越性追求

优越性的追求（Striving for Superiority）这个词组，如同吉哈指出的难以避免地会唤起人"上""下"的意识。事实上，阿德勒确实使用过几次"上""下"的说法，比如说提到个体的优越性追求时，他是这么形容虚荣心的，"可以看见一条向上发展的线"（《性格心理学》）。

但是，当阿德勒说人生就是不断地朝目标移动，"活着就是在进化"，吉哈认为阿德勒指的进化不是"上""下"，而是朝"前方"移动，没有优劣之分。每个人都是从自己的出发点朝目标前进。只是，有些人走得快，有些人走得慢。

阿德勒在后来的著作中，把优越性追求分为正确的方向与错误的方向。所谓错误方向的优越性追求，综合前面说的，可以归结成三点：

1. 控制他人

2. 依赖他人

3. 不想解决人生的问题

下一章我们会提到精神官能症，上面这三点与精神官能症患者的特征完全一致。理解精神官能症患者最好的方法，就是不要去考虑所有精神官能症的症状，而是直接调查患者追求优越性的目标以及他的生活形态（《人为何会罹患精神官能症》）。阿德勒在讨论这个问题的时候，对象不限于精神官能症患者，还包括有行为问题的孩子、犯罪者，甚至是拥有自卑感的一般人。

无论有无出现症状，精神官能症患者在面对人生的问题时，都没有解决问题的意愿（即"不想解决人生的问题"）。他们面对人生问题的时候，认为没有成功解决问题就等于失败，所以害怕失败，采取"犹豫不决的态度""原地踏步（想把时间停下来）"（《人为何会罹患精神官能症》）。

有人选择站在原地，也有人选择撤退。"如果……的话……"是精神官能症患者内心小剧场的共同主题。比如说，如果我不那么懒惰的话，我早就当上总统了（《阿德勒心理学讲义》），或是"如果我没和这个人结婚的话，应该就会和那个人结婚了吧"（《人为何会罹患精神官能症》）。

要不然就是常说"好……可是……"结果完全不处理人生应面对的问题（《阿德勒心理学讲义》）。比如说，"我会做这个工作，可是……"说完"可是"之后，接着开始搬出自己不想面对问题的理由。也就是使用"都是因为 A（或因为不是 A），所以无法做 B"这样的理论，而且这个 A 必须是让对方听了觉得情有可原的理由。

阿德勒认为，在日常生活中时常使用这种理论的情况，就称作"自卑情结"。对此，阿德勒举了小孩子热衷于扑克牌游戏的例子做说明。若阿德勒活在现代，关注的对象应该就会是热衷于电动玩具的孩子吧。小孩子会说，因为电动玩具玩得正起劲，所以没办法读书（《儿童教育心理学》）。阿德勒又说，某些年纪轻轻就结婚的人也会用结婚作为借口，因为他想把人生的不顺遂都推给婚姻。

有人会搬出遗传的理由，解释自己没有才华；或是说，现在的自己会变成这副模样，都是因为父母的养育方式有问题；或把问题归咎于自己的性格。有人说："我的性格易怒，因为他说了让我不耐烦的话，所以我把他杀了。"当然，我们不可以因为这个理由就杀人。引用阿德勒的话来说就是："患者告白出自卑情结的那一瞬间所透露出的事情，很可能就是造成他生活中出现困难或状况的原因。他可能会提到自己的父母或家族，或说自己教育程度不高，或曾遭受什么样的事故、妨碍、压抑等。"（《阿德勒心理学讲义》）

当精神官能症患者说，"如果我没有这些症状的话"，就是希望通过这样的说法，避免认输或丢失颜面（《自卑与超越》）。他们的想法是，做任何事都必须成功才行，他们只敢挑战保证成功的事情。但是，假如有一点点失败的可能，或是确信不可能成功时，他们一开始就会放弃挑战。或者即使失败，他们也会通过这些症状，让自己不遭受致命的打击，就像走钢索的人预想自己可能会跌落，事先在下方拉好网一样（《儿童教育心理学》）。症状就是为了这个目的被创造出来的。

所以说，症状不过是用来逃避问题的借口。当一个人提出精神官能症作为借口时，不仅欺骗别人，也欺骗了自己。像这样，找各式各样的借口，不去面对人生问题，阿德勒把这样的状况称作"人生的谎言"。

其次，精神官能症患者自认无法解决人生的问题，希望能交给别人解决，他的依赖心很重（即"依赖他人"）。关于自卑感显著的人，阿德勒是这么说的：这些人一直往对人生无益的方向前进，"不试着去解决问题，反而把别人的帮助当成唯一的救赎"（《阿德勒心理学讲义》）。

第三，精神官能症患者会通过症状（例如忧郁状态、饮酒、幻觉等）控制周边的人（即"控制他人"）。有忧郁症的人会不断抱怨自己有多么痛苦，借此控制他人（《阿德勒心理学讲义》）。一个人生病了，周遭的人不可能坐视不管。当孩子说他心里很害怕，不敢出门时，父母亲就不能出去工作了。当他晚上说自己感到害怕时，身边的人就要不眠不休地照顾他。就这样，无论是白天或晚上，病人都成功地控制着他的家人，让大家把注意力放在自己身上。他把自己心里的恐惧作为控制别人的手段。"让别人无时无刻不待在自己身边，无论到哪都得跟在自己身边才行。"（《阿德勒心理学讲义》）

同理，通过生气让他人为自己着想，通过悲伤让某个人一直待在自己身边，或者是不断地责骂别人，这些行为的共同目的就是想控制他人，这正是方向错误的优越性的特征。

优越性追求与共同体感觉

优越性的追求若违反共同体感觉的概念，或以虚荣心的形式表现出来，就称作个体的优越性追求。相较之下，正确方向的优越性追求应该是伴随着共同体感觉的优越性追求，而错误方向的优越性追求，则是违反共同体感觉的优越性追求。

共同体感觉和优越性追求并非两种不同的动力因，它不会和利己性的优越性追求产生对立。阿德勒把人视为一种不可分割的整体性的存在，也就是"整全观"（Holism），既然他认同这个概念，他就不会把优越性追求与共同体概念视为两种独立的动力因，把共同体感觉看作是追求与利己性目标分庭抗礼的第二种动因或利他性动因。阿德勒的想法是，共同体感觉是一种规范性的理想，一种作为方向指引的目标，通过这个目标，赋予优越性追求以方向。

第六章

脱离精神官能症性质的生活形态
——自立的勇气

改善生活形态的必要

在上一章，我们看到错误的优越性追求的特征和精神官能症患者的特征一致。在本章，我们将延续前面的议题，继续考察精神官能症性质的生活形态。这里使用"精神官能症性质的生活形态"这样的说法，是因为不一定是出现精神官能症症状的人才会有这种生活形态。也就是说，有些人没有出现症状，却拥有和精神官能症患者一样的生活形态。阿德勒认为不管是精神官能症患者，或是尚未发作、还不能称作精神官能症患者的人，只要拥有这一类型的生活形态，都必须加以改善。

有人解释，共同体感觉就是指同伴、人与人之间互相结合（mit）。"我中有你"是共同体感觉，相反地"我反对你"就是精神官能症。精神官能症患者或拥有精神官能症性质生活形态的人，都不认同同伴的存在，因此也不愿对同伴付出，作出贡献。

对阿德勒来说，精神官能症是生活形态层面的问题。因此，只要生活形态未被改善，即使成功去除眼前的症状，还是会产生其他更严重的症状。因为症状是生活形态的必备要素。

在阿德勒的时代，当时的人还不知道脑中的病变会使人产生精神疾病。阿德勒的女儿亚历珊卓拉曾说，要是父亲知道药物疗法，应该会接受，因为"他对任何进步的事物都保持开放的态度"。但我想，要是阿德勒知道现今这种动不动就给药物的治疗法，应该会大力反对吧。阿德勒总认为，预防胜于治疗。他认为精神官能症就是生活形态出问题。而且如前所述，生活形态并非与生俱来，而是可以通过决心加以改变的态度，所以不是症状去除就没事了。他认为，即使花再多时间，都应该要改善自己的生活形态。

整理精神官能症性质的生活形态如下：

1. 认为我没有能力

这里所说的能力是指解决人生的问题，为他人付出，作出贡献的能力。

2. 认为每个人都是我的敌人

阿德勒说精神官能症患者、有问题行为的孩子、犯罪者，这些人都会形成这样的生活形态。虽然表现的方式不同，但根本的生活形态是一样的。

容易形成这种生活形态的孩子，阿德勒举出三种类型。首先是有器官缺陷的孩子。这类的孩子之中，有些人可以靠自己的力量适当地补偿缺陷，不必依赖他人，努力面对人生的问题，也有的人依赖心变得很强，希望别人替自己承担人生的问题。

第二种是受溺爱的孩子。他们会认为自己无法处理人生的问题，依赖心变得较强，习惯获得别人的关注和照顾，总是一心想控制他人。

第三种是被怨恨的孩子。他们感觉自己不被任何人所爱，在这个世界不受欢迎。对这样的孩子来说，他人通常都是敌人。

这里列出的三种特征，控制他人、依赖他人、不打算解决人生的问题，和前面我们看到的，用错误的方向追求优越性所呈现的特征一模一样。

被溺爱的孩子

其中，我最想讨论被溺爱的孩子。因为，在现今的社会，孩子出现问题行为常会被归因于被爱得不够，事实上，更多的问题是来自父母给予过多的爱，或是小孩子对于爱的饥渴，也就是父母太过宠爱、孩子已经十分受宠却还希望得到更多的爱。

阿德勒与弗洛伊德意见对立的议题之一就是前面曾提过

的恋母情结。阿德勒认为这种情结并非普遍性的事实，而是只发生在被溺爱的（阿德勒后面又接了一句"精神官能症的"）人身上，属于特例（《儿童教育心理学》）。在这个情结下的牺牲者，通常受到母亲过度溺爱，被教导不用对别人产生关心，相信自己的愿望都能被满足。

这种被溺爱的孩子，到底是如何形成这种精神官能症性质的生活形态的呢？

关于被溺爱的孩子，阿德勒是这么说的："母亲过分溺爱孩子，在态度、思考、行为、语言上都过分协助孩子的话，孩子立刻会化身为'寄生虫'（榨取者），期待别人为他做所有事情，总是死皮赖脸地要大家关注他，用尽一切努力要让别人为自己服务。他们会显现出自我中心的倾向，压迫他人，时常受到他人的纵容，把没有付出只希望得到视为自己的权利。像这样的训练只要持续一两年，就足以让他的共同体感觉以及互助合作的倾向变得停滞不前。

"这类孩子有时希望依赖别人，有时希望压迫别人。但现实世界却要求大家要拥有共同体感觉与互助合作的精神，这与他的期待相反，他无法克服这个障碍。当被溺爱的孩子心中的幻想被剥夺时，他就会在他的人生当中建立许多敌对性的原则。他（她）们的问题充满悲观，'人生到底有什么意义''为什么我非要爱我的邻人不可'。即使他们会遵守一些比较积极的共同理念的合法性，但都不是出于自愿，而是害怕被排挤、惩罚。面对交友、工作、爱情的问题时，他们会因为找不到通往共同体感觉的路径而受挫，身心都受到影响。他们会在败北的意识出现前后立刻撤退。当这样的坏事发生太多次，久而久之，他们就会更加固执于他们最熟悉的孩子气的态度。"（《自卑与超越》）

阿德勒说，虽然许多父母一味地溺爱孩子，幸好大多数的孩子都会对此产生激烈的反抗，因此实际上带来的弊害不如想象中来得多。但真的如阿德勒所说的就好了。如今，受到父母溺爱的孩子，或说啃老族的人数比阿德勒的时代多太多了不是吗？

"当你在精神官能症患者之中，看到很高比例的人度过一个被动的、失败的幼年时期，或者在犯罪者之中看到很多人过去曾积极地行动但最后却屡屡失败等现象，不必感到惊讶。这些人长大之后，很明显会出现不适应的状况，若不是受教育方面出现困难，就是没有被人察觉出来……在医学心理学的领域中，所谓幼年时期的失败，扣除掉虐待的案例不算，几乎都发生在被溺爱、依赖心重的孩子身上。"（《自卑与超越》）

阿德勒又在别的地方提到，孩子的问题行为、精神官能症、精神病、自杀、违法行为、药物依赖、性倒错等，这些问题都是由于共同体感觉缺乏而产生的。"几乎都可以追溯到他在幼年时期受到溺爱，或是他极度渴望被溺爱时的舒适状态。"

（《自卑与超越学》）

阿德勒认为，精神官能症、犯罪，追根究底都和孩子受到溺爱有关。为了避免让孩子成为精神官能症患者或犯罪者，我们有必要多加考察关于溺爱这件事。

阿德勒用德语"parasitär"（英语为parasitic）这个词来形容受父母溺爱的孩子。也就是把孩子比喻作"寄生虫"的意思。关于语言发展迟缓的孩子，通常出现在母亲会用"这孩子语言发展比别人慢"为理由擅自替孩子回话的成长环境中。既然有人代为回话，孩子就不用自己说话了。因为他知道，就算他不说话，父母也会代替他说话。

还有一种情况是，孩子话还没说完，父母就插嘴，不允许他自己回答（《儿童教育心理学》）。这种孩子会躲在母亲的围裙后面，抓着围裙的绑线或裙摆，因为他认为只有母亲身后的世界才是安全的。

母亲是孩子在这个世界上第一个遇到的"同伴"。但是，阿德勒说，母亲不可以让小孩子以为这个世界只有你才是他的同伴。要帮助他知道，这个世界除了母亲之外还有其他的同伴，不是只有母亲会关心自己，还有别人也会关心你。

但是，会溺爱孩子的母亲，不允许孩子对自己以外的人产生兴趣，认为孩子应该和母亲团结在一起共同对抗全世界。这时候，母亲就已经把孩子变成寄生虫了。

孩子＝母亲←→世界（他人）

　　的确，母亲是孩子的同伴，但孩子和母亲若过于紧紧相依的结果，就是孩子会把这个世界当作敌人，对原本应该关心的世界（他人）不感兴趣，只把关心放在母亲身上。

　　再加上母亲过于为孩子尽心尽力，导致孩子无法学会自立，也不知道自己的问题要靠自己解决，导致这样的孩子只知道拿取而不懂得给予，也不知道与别人合作的必要性。前面的引用文中出现的形容词"榨取者"，意思就是"榨取他人的贡献"。

对自立的抗拒

　　小婴儿为了活下去，一定要使唤父母把食物送进自己的嘴中。他还不会说话，只能靠哭泣让旁边的大人伺候自己，不这样他就无法活下去。阿德勒说："小婴儿是最厉害的，因为只有他能控制别人，别人无法控制他。"（《阿德勒心理学讲义》）

　　但不允许他控制父母或身旁大人的日子总有一天会到来。孩子若不改掉如小婴儿般控制他人的习惯，就无法变成大人。虽说如此，仍有孩子在精神上一直保持在婴儿时期，拒绝长大，希望一辈子都能活在幼年时期。因为在幼年时期，自己什么都不用做，身旁的人都会替自己准备好所有事，他一点也不想离开这样的舒适环境。他明知自己不可能一直保持在这样的状态，但仍说话像个小婴儿，只想和比自己年纪小的孩子一起玩。

于是，父母溺爱孩子，孩子也希望能一直被溺爱。孩子尿床、夜哭就是对于自己被要求自立、合作时表现的抗拒。

"尿床这个症状会出现在一开始备受宠爱，后来却'失去宝座'的孩子身上。他通过这个行为明确告知父母，即使在晚上，我也努力地想获得母亲的关注，我不能忍受一个人被晾在一旁。"（《儿童教育心理学》）

被溺爱的孩子会出现下面这些症状：尿床、进食障碍、夜惊症、不停咳嗽、便秘、口吃等。

"这些症状的出现，是为了向那些要求自己要自立、合作的大人提出的抗议，强迫别人提供他援助。"（《自卑与超越》）

这些症状都是孩子为了博得父母关注而产生的。我一定要获得关注、一定要大家都注意我，这样的心态并不健康，因为这个世界并非绕着自己转。

想要获得别人关注还有另一个不健康的理由，那就是"不想自立"。

有些孩子不想自立。即使如此，他还是会遇到父母希望他自立的时候。特别是当弟弟妹妹出生时，这些作为哥哥姐姐的孩子就会被父母提醒："从今天起你就是姐姐（哥哥）了，所以自己做得到的事就要自己做哦。"当这些孩子知道，以前可以依赖父母的事情现在都不被允许了，而且父母期待他必须自立时，孩子一定会对这样的要求产生抗拒。

前面提到的那些症状都是有目的性的。以尿床为例，孩子的目的就是希望获得关注、控制他人。但是光只有白天不够，晚上也要获得父母的关注，借由这么做，他就可以控制别人。白天，他可以控制自己的身体不要尿出来。到了晚上，孩子就会在父母熟睡时尿床，因为他知道，这么做让父母感到困扰的效果更好，更能让自己获得父母的关注。

会尿床的孩子，显著的特征就是怕黑。阿德勒不太关注孩子怕黑的原因，他比较关心他们怕黑的目的。每个被溺爱的孩子，都会通过怕黑引起父母的关注。

这些孩子并不是真的怕黑。某个晚上，孩子一如往常地哭了起来。母亲听到他哭，问他："为什么害怕？""因为很暗。"这时，母亲知道了孩子这么做的目的，于是告诉他："那么妈妈来了，现在是不是不那么暗了。"

"暗不暗本身并不重要。孩子怕黑，不过是不喜欢母亲离开，只剩自己一个人的感觉。"（《儿童教育心理学》）

孩子尿床，就是用膀胱代替嘴巴说话。同理，心脏、胃、排泄器官、生殖器官等出现功能障碍，都是某个人为了达到某个目的所透露的讯息。阿德勒把这样的功能障碍称作

"脏器语言"（Organ Dialect）（《人为何会罹患精神官能症》）。

虽然孩子会不断抗拒自立，但他不可能一直在父母的溺爱之下成长。那些习惯于父母替自己做任何事的孩子，随着他慢慢长大，会知道自己已经不是大家关注的焦点了。他以前认为，成为关注的焦点是他与生俱来的权利，但没想到后来却慢慢失去大家的关注。当他了解到这点，他很快就会放弃原本的想法。其实，希望不断得到大家关注，成为大家关注的焦点，这种想法本来就是错误，也是不可能的事。即使如此，还是有孩子知道自己不是大家关注的焦点时，觉得不服气而不断抗争。当父母要求他合作时，他甚至会公然反抗，甚至图谋报复。

当被溺爱的孩子知道自己不再是受关注的焦点时，会认为自己被母亲欺骗了。对被溺爱的孩子来说，只要从母亲提供保护的熟悉世界往外踏出一步，就是"敌国"。特别是当孩子进入托儿所或学校等新环境时，内心就会产生这种感觉。这些从小被溺爱的孩子原本在温暖的环境中长大，对于外面冷风的凛冽，感受会比一般人更强烈。

在一般的状况中，我们很难察觉孩子的生活形态。但当他面对困难的状况，或是他身处的状况改变时，我们就能很清楚地看出来。比如说，当孩子踏进学校上课时，资深的老师可以一眼看出他在家里时未被察觉的生活形态。阿德勒说，观察力敏锐的老师在孩子进学校的第一天时，就可以看出他的生活形态（《儿童教育心理学》）。

这些孩子大概从小就被父母灌输这个世界是幸福美好的。虽说用悲观的语言描述这个世界并不妥当，但过度美化也会成为问题。被溺爱的孩子，当他真正面对现实世界后，他对世界的看法就会变得非常负面。

这时，这个拒绝自立、从小被溺爱的孩子，一瞬间就会转变成"惹人厌的孩子"。阿德勒使用"惹人厌的孩子"这个说法时，除了指真的被父母讨厌的孩子，也可以用来指称如同失去宝座的长子一样，那些自认为被父母讨厌、失去父母的爱的孩子。

但是，即使在这样的状况下，这些孩子仍企图夺回失去的宝座，换言之，他们认为这是自己与生俱来的权利。他希望得到他人对他的爱，却又不愿作出相对应的付出。这样的心态即使等他长大之后，依然不会改变。

即使长大之后

这样的孩子长大之后，满脑子想的都是别人会替自己做什么。如果身边有人可以满足他的期待那就另当别论，但当他发现别人不一定要满足自己的期待这个理所当然的事实时，他会开始反弹，公然反抗，变得具攻击性。即便如此，他仍希望从别人身上获得爱。或者有一种人很聪明，他会让周遭的人认为大家必须提供他援助。这些人不知道还有其他的方法可以与这个世界产生联系。

但很遗憾的是，什么都不付出的人，不会被这个世界接受。这正好说明了，为何这样的人总是容易感到挫败。

阿德勒认为，即使扣除掉弟弟妹妹诞生的因素，被溺爱的孩子最后一定会变成惹人厌的孩子。"在我们的文明中，并不欢迎被溺爱的孩子，无论是社会或家庭，都不希望看到一个人受到溺爱的时期可以被无限延伸下去。""因为大家会觉得，一个没作出任何贡献的人，却又想成为大家关注的焦点，这种想法太不切实际。"（《阿德勒心理学讲义》）

关于贡献的意思，我后面会详述。总之，在被溺爱的环境中长大的人，不知道怎么和现实世界相处，这个世界和他过去身处的世界完全不同。

其实没有一个孩子是真正被讨厌，或受到忽视的。因为这样的孩子根本就活不下去。但是如同前面提到的，他们因为过去的经验，对这个世界有着错误的看法。

阿德勒时常在探讨被溺爱的孩子的问题时，蕴含着对弗洛伊德的观点的批判。弗洛伊德说："我们所背负的人生，对我们来说实在太辛苦，太多的痛苦、失望和难解的问题都从中而生。想要承受这样的人生，没有镇痛剂根本无法撑过去。"

弗洛伊德举出三种镇痛剂，强力的纾压、代偿性满足以及毒品。

人生为何如此痛苦？他认为苦难的原因有三个。第一个是自己的身体终究得面对衰老死亡的命运。第二是外界会以压倒性的、毫无慈悲且具破坏力的力量袭击人。第三，与他人的关系。弗洛伊德认为，与他人的关系所产生的痛苦远比前面两种来得难受。

因此，想要逃离这样的苦难，保护自己最自然的方法应该是"自愿孤独，远离他人"（《阿德勒心理学讲义》）。

被溺爱的孩子，或是从小在溺爱的环境中长大的人，他们视人生为苦的原因是：只要这么想，就可以正当化自己远离人群的行动。但若处于真正的孤独状态，人根本无法活下去，所以他们仍希望身边有人可以服侍自己。这样的人看待他人的态度，永远是别人可以为我做什么。

人生很苦，而且最苦的就是与他人的关系，这是弗洛伊德的想法，就某种层面来说，这个观念确实容易被现代人接受。的确，人际关系不容易处理，阿德勒也说："人的烦恼，全都来自人际关系的烦恼。"（《阿德勒心理学讲义》）但是，阿德勒不建议我们因此回避人际关系。他认为他人并非敌人而是同伴，应与这些同伴产生联结，同时获得同伴支援，把同伴视为自己存在的根据。这和弗洛伊德教大家要远离人际关系、排斥人生痛苦的想法天差地别。

不仅如此，阿德勒认为，对他人漠不关心的人，会遭遇人生中莫大的困难以及对他人带来莫大的伤害。人类所有的失败都是来自这些人。

精神官能症的逻辑

不管是被溺爱的孩子、有器官缺陷的孩子、惹人厌的孩子都拥有精神官能症性质的生活形态，甚至有些人真的会患上精神官能症。

当有人来找我做精神官能症方面的心理咨询时，我一定会问他："这个症状出现之后，你有什么事情变得无法做了吗？"或是："这个症状治好的话，你最想做什么？"

问这两个问题的目的都一样。比如说，有一名红脸症的女性被问道："假如你的红脸症治好了，你最想做什么？"她回答："我想和男生交朋友。"从她的回答就可以发现，与男生交往是她目前面临的问题，而且她认为自己无法解决这个问题。

这个女性的逻辑是，因为自己有红脸症，所以不敢和男生交朋友。这个症状使她紧张，说话结结巴巴。她认为红脸症是她无法和男生交朋友的原因。

但是，稍微思考一下就知道，红脸症对于与男生交朋友这件事，并不是致命伤。因为有些男生对那些初次见面不胆怯、说话逻辑清楚的女性没感觉，反而比较喜欢腼腆的女性。

那么，为什么这名女性会得红脸症呢？虽然我问"为什么"，但我想得知的不是原因，而是她的目的。很可能最根本的问题出在她本来就不擅长处理人际关系。或许她身边有许多人（例如姐姐或妹妹）都非常擅长处理人际关系，拥有许多朋友（而且很多异性朋友）。当她觉得自己绝对赢不了那些人时，就会脱离竞争。但光只有脱离竞争还不够，因为任何人都不希望输。为了保全颜面，红脸症对这名女性来说是必要的。所以她心里会想：因为我有红脸症，所以不敢和男生交朋友，要是没有这个症状，我也可以和男生交朋友……这么想的话，她自己就能接受了。但事实是，她无法和男生做朋友的原因，和这个症状一点关系也没有。只要她接受适当的沟通训练，和别人交朋友并非难事。当然，和男生交朋友，最后不一定可以获得自己期望的结果，但至少她不会连第一步都不敢跨出去。

处理问题时遭遇困难就想逃避，这样的生活形态，阿德勒形容它是"不是全部，就是什么都没有"（《人为何会罹患精神官能症》）。

这种生活形态不只发生在精神官能症患者身上。比如说对一个不用功念书的孩子说："你明明可以学得很好，为什么不学习。"不说还好，这么一说他就绝对不会再念书了。因为他想保留自己其实很会学习的可能性。

关于震惊

关于精神官能症，阿德勒是这么说的：

"任何人只要密集受到责难，内心一定会感受到震惊。但这个感觉若一直持续下去，就表示这个人还没准备好解决自己的人生问题。这样的人会（在问题面前）裹足不前。为什么他会裹足不前？我的说明如下：这样的人在面对各种问题时，无法做好准备，他从孩提时期开始，就没有和别人合作的经验。

"但是我必须说，我们看到所有精神官能症的症状，都是痛苦的，绝对不是舒服的经验。假设某个人产生头痛症状，可以归因于他面对某个问题却还没做好解决的准备的话，那么在其他的状况下，纵使我要求他头痛，我想他也痛不起来吧。所以，当精神官能症患者听到'这些痛苦是你自己产生的''这些痛苦是你自己想要的'这样的说明，会立刻否认。

"维持现状确实很痛苦。但这和着手解决问题（结果却解决不了）时发现自己真的很没用的痛苦相比，后者的痛苦更厉害，导致他宁愿选择现在的痛苦。精神官能症患者会忍耐所有精神官能症的症状产生的痛苦。无论是有精神官能症或没有的人，必定会对自己很没用这件事做顽强的抵抗，只是精神官能症患者的强度比一般人高出许多。

"只要发现有人表现出过度敏感、烦躁不安、强烈的情感、个人的野心等等，就表示这些人相信自己正处于随时会暴露出自己很没用这个讯息的危险环境之中，我们也就不难理解为何他不愿往前迈进。

"那么，人受到震惊时会产生什么样的精神状态呢？当不是自己创造的、不希望它发生的事情发生后，人会在精神上受到冲击，并产生失败的感受，或是害怕被别人知道自己没价值。人受到震惊后确实有可能陷入这样的精神状态，（但是）不愿面对问题的人不打算和这些精神状态奋斗，也不知道怎么摆脱它的束缚。我想他一定也很希望这种震惊的感觉可以消失吧，希望把自己治好，从此不要再受到病症的折磨。因此他会去看医生。但他不知道这些症状的背后其实隐藏着一个他最害怕的东西，那就是，他被大家知道他很没用。他担忧自己很没用这个不为人知的秘密，会不会因此曝光？"（《自卑与超越》）

人受到责难、感受到震惊后，这种精神状态会不会一直持续下去，因人而异。人在受到刺激时，对于经验的感受都不相同，我们会把这个经验往符合自己目的的方向做解读，并赋予它意义。

我的儿子还在念小学的时候，看到电视正在播出一个画面，一个和他差不多年龄的小男生，脚被游泳池的排水口吸住，差一点溺毙。这个小男生最后获救了，但电视重现事故发生的影像实在太过逼真，特别是小男生溺水时露出痛苦的模样，使得我儿子有一阵子不敢进浴缸泡澡。

后来，我儿子很快地就忘记电视画面的事，但那些自认自己无法解决当前问题的人，会利用这类自己内心受到惊吓的事件，作为回避面对问题的理由。

对他人毫不关心，一心只想着自己的孩子，一听到大人说外面的世界很恐怖，就会用它来作为他不想做某件事的借口。"不能去学校或外面的社会，因为外面太恐怖了。可是待在家就不一样了，爸爸妈妈会保护我，而且在家里什么都不用做，大家也会不断地关注我。"……我们都不希望小孩子产生这种想法吧。

孩子说他不想去学校，但很明显这件事和他看电视受到惊吓一点因果关系也没有。

这和人受到事件的冲击而感到震惊的状况也一样。不只是孩子，很多害怕死亡的人，会以害怕死亡为借口，逃避面对人生的问题。阿德勒说："当小孩子在毫无准备的情况下突然与死亡接触，他会受到很大的震惊，这个影响会跟着他一辈子。"（《儿童教育心理学》）还没做好面对死亡准备的孩子突然面临死亡的事件时，这是他第一次得知原来人生有结束的时候这个事实。遇到这个状况，有的孩子可能会失去勇气，但也有可能像阿德勒一样，为了面对死亡，选择医师这个职业。

关于家庭状况、生病、死亡的记忆，阿德勒是这么说

的："幼年时的经验就像活生生的碑文一样铭刻在孩子心中。孩子无法轻易忘记这些事情。"(《儿童教育心理学》)

但阿德勒说，只要孩子接受合作的训练，就可以消除这样的影响。

"只要让孩子适当地接受合作的训练，就可以避免这些困难或说是灾难发生。"(《儿童教育心理学》)

比精神官能症的痛苦还要痛苦的事

另一个论点认为其实精神官能症患者并不希望获得这些痛苦，但"这和着手解决问题（结果却解决不了）时发现自己真的很没用的痛苦相比，后者的痛苦更厉害，导致他宁愿选择现在的痛苦"。或者因为"会产生失败的感受""害怕被别人知道自己没价值"等理由，所以他宁愿选择现在的痛苦（《自卑与超越》）。

现在我们知道，他们并不希望患精神官能症，只是把它当作必要之恶，所以光是辨识出他们的症状还不够。精神官能症不只会产生痛苦，只要当事人不晓得持续的症状会导致自我毁灭，他的症状就不会有痊愈的一天。前面也提过，"理解精神官能症患者最好的方法就是，先将所有的精神官能症症状放在一旁，直接调查该患者的生活形态以及优越性目标。"(《人为何会罹患精神官能症》)

我们不应该关注精神官能症本身，而是要找出患者过去的生活形态以及他的优越性目标。阿德勒举出偏头痛的人作为例子来说明。患偏头痛的人只会在必要的时候才会出现头痛的症状。比如说，要跟不认识的人见面、要作出重大决断的时候。他的目的是借此回避人生重要的问题，或是借着这个症状控制家人。即使他的头痛治好了，一定还会出现新的症状，比如失眠。"只要他的目的没有改变，他一定会持续追求同样的目标。"（《儿童教育心理学》）有些精神官能症患者会以惊人的速度摆脱目前的症状，并毫不犹豫地患上另一种新的症状。

光有良善的意图还不够

关于精神官能症，阿德勒还说："每个精神官能症患者都自称自己有最良善的意图。他们知道共同体感觉很重要，也知道人必须面对人生的问题。但却允许自己可以成为这种普遍性要求的例外。会编这种借口的人，就是得了精神官能症。精神官能症患者的态度，整体来说如下，'我也很想解决我所有的问题。但很不幸地，有很多原因阻止我这么做。'"（《儿童教育心理学》）

"神经质的人以为，只要我表现出良善的意图就够了。但是光有良善的意图并不足够。我们必须教导他们，这个社

会最重视的事情是你实际上落实了些什么，实际上作出什么贡献。"（《阿德勒心理学讲义》）

用可能性的说法，什么话都可以说。前面我们说过，阿德勒认为"如果……的话"是精神官能症内心小剧场的共同主题。又或者嘴上说"我知道……可是"，结果仍没有着手去解决问题。精神官能症患者"知道共同体感觉很重要，也知道人必须面对人生的问题"。正因如此，他们才会说"我知道"，但之后他们为了让自己与别人都能接受他不去面对问题的事实，他们会绞尽脑汁想出千言万语为自己辩白。他认为"很多原因阻止他"无法解决自己的问题，事实上是他自己阻碍自己，但他却没发现这点。

精神官能症患者常说"如果……的话"，他假定某件事发生的话，他就可以成功解决问题，但既然是"如果"，就有可能不会发生。他通过假定某件事，希望把人生往前快进。精神官能症的逻辑就是，"现在、此地"的我被阻止继续活下去。但我们明明只有在"现在、此地"才能获得幸福。关于这一点，我们会在第九章继续讨论。

世界观与自我中心性

阿德勒认为，广场恐惧症，是因为患者为了不要走到户外所制造出来的症状。患者认为这个世界充满危险，外头都是敌人，所以不可以到外面去（《儿童教育心理学》）。他的目的其实是为了重现幼年时期的剧本，也就是孩子与母亲联手共同对抗这个世界，因为母亲是唯一会保护他的同伴。既然现今的世界充满危险，那么他就有理由不走到外面，离开原来受保护的环境。

表现出症状的另一个目的，就是让保护自己的人继续为自己服务。阿德勒举了一个从小被溺爱的女性的例子。她希望自己一直成为大家关注的焦点，因此当她生完孩子，一点都高兴不起来，因为她害怕大家把关注的焦点从她身上转移到孩子身上。

当她做完产后恢复时，她先生向公司请了一段长假，独自前往巴黎。她先生在那里遇到许多人，度过很快乐的时光，并把这些事情写在信中寄给妻子。妻子害怕丈夫是不是不爱自己、忘记自己了，她认为自己再也无法像过去一样，相信体贴的丈夫深爱着自己，认为幸福正慢慢地远离自己。她十分沮丧，最后得了广场恐惧症。她变得不敢一个人外出，她先生必须时时刻刻陪在她身边。

以这个例子来说，这名妻子因为这个症状，成功地获得丈夫的关注。她只要待在家里，心中的不安感就会消失。因为在家里，有丈夫会服侍自己。

关于这个症状，阿德勒又说："想要痊愈，她有一个最后的障碍必须克服。那就是他（她）必须去除与不关注他（她）的人来往的恐惧。这个恐惧是从广场恐惧症中产生的，这种深深的恐惧感会让他（她）排除所有让自己不能成为大家关注焦点的状况。"（《人为何会罹患精神官能症》）

她并不是因为外面的世界很危险所以不出门，而是想要逃避外出之后没有人会关注她的这个事实。

面向未来的原因论

坏事不一定会发生，但有人就是深信未来一定会发生坏事。比如说，实际上没有人知道死亡究竟是怎么一回事。既然如此为什么有人会把死亡想成坏事呢？虽然这件事未来才会发生，但把它想成坏事，先不论他的理由和用意为何，一定是对自己有好处他才会这么想。如同把过去发生的事，视为现在状态的原因这种思考方式一样，他们把未来才会发生的事，视为现在以及未来状态的原因，并借此决定现在的状态。

我把这种思考方式称作"面向未来的原因论"。阿德勒说，有些孩子相信，自己绝对无法获得幸福，只能不断地感到失望。

"这些孩子在情感方面找不到容身之处，总认为别人比自己获得更多的爱。又或者，由于他们幼年时期曾经历了困难的体验，害怕未来悲剧会再重演。他们相信这件事几乎到了迷信的程度。"（《阿德勒心理学讲义》）

持有这种恐惧感的人，不难想象他的婚姻生活应该是充满嫉妒与怀疑。一旦他产生这种想法，可以预见他迟早会不断地找出对方对自己的爱逐渐减少的证据。他会不停地怀疑，即使是再小的事也不放过。他害怕别人获得的爱比自己更多，这正是被溺爱的孩子的特征。他曾经集父母的关注于一身，后来却失去，这样的经验会决定他对现在以及未来人生的想法。当然实际上并非如此，以前面的例子来说，他认为爱情丧失的体验不仅过去发生过，未来也可能发生，因此他觉得自己很不幸。通过这样的想法使他可以说服自己是个不幸的人，又或者即使他现在过得很幸福，但借由这样的想法，他可以减轻将来失去时所受到的冲击，其实这也是属于目的论的想法。

作为再教育的心理咨询

因此，想要治疗精神官能症，光是去除患者的症状还不够。精神官能症患者会把过去或未来的事情拿来作为症状发生的原因。他必须通过原因论说明他的症状，这样他才能找到借口解释自己为什么无法解决人生的问题，这是他的目的。这一点再次证明了，原因论确实被涵盖在目的论之中。

精神官能症患者的逻辑，前面也有提到，是事后逻辑。他们事后通过逻辑分析症状的原因，表面上看起来可以说明现状，但实际上不过是把责任转嫁给他人或过去的事件，对于摆脱精神官能症完全没有帮助。因为，重要的不是过去如何，而是未来要怎么做。

因此，正确的治疗方向不应是去除症状，而是从改善生活形态做起。把优越性追求结合共同体感觉，并把自我中心的世界观转变成对他人的关心，体现在社会性活动或其他有用的活动上面。前面提过，阿德勒认为预防胜于治疗。比如说，在精神官能症发生之前，就要先做好预防，或者，在孩子长大成为犯罪者之前就先做好预防。怎么做？要从育儿、教育下手。育儿、教育就是在培养共同体感觉。

为什么阿德勒可以从事前逻辑的角度谈论理想，或从心理咨询的角度，认为预防很重要？这一切都出自他对人类拥有无穷的信赖感。换句话说，阿德勒相信人是可以改变的。

但是很多心理学都是站在决定论的立场，认为精神官能症的症状以及问题行为的发生都有其背后的原因。既然过去的事件或外在现象是引起这些症状的原因，除了去除原因之外，没有其他的治疗方法。但问题是，这不可能办得到。假如原因在过去，谁能回到过去消灭原因呢？

相对地，目的在未来，而未来是可以改变的。应该说，只有未来可以改变。阿德勒认为精神官能症或问题行为并不是因为某种原因引发的，而是当事人在人际关系中设定了错误的目的。比方说，被溺爱的孩子，当他知道很多人无法认同他的价值，他就会想办法通过不恰当的方式让自己获得关注。个性比较消极的人就会选择精神官能症，个性比较积极的人就会选择问题行为。

因此，阿德勒提倡的心理咨询和站在原因论立场的心理学有着根本性的差异。阿德勒认为治疗只能从理智方面下手，必须帮助患者洞察自己的错误，并加强他的共同体感觉才能成功。心理咨询的重心应该摆在让当事人理解自己做的事情并非善（对自己没好处），以及让他了解与人相处的方式并非只有他过去理解的那样，还有其他方式。除此之外，还要让他知道不是所有事情都是由外在因素决定的，人有自由意志，即使最初是在无意识中学会了某种生活形态，我们还是可以通过心理咨询，帮助他重新意识到自己的生活形态，并洞察其中的错误，接着教他以共同体感觉作为规范，这样一来，他一定可以摆脱原本的生活形态。具体来说要怎么做，关于这一点，我会在下一章，也就是谈到阿德勒对于教育的思想时说清楚。

摆脱精神官能症

吉哈认为这个世界原本很简单，是人赋予它精神官能症性质的意义之后，世界才变得复杂。只要改变生活形态，我们就可以摆脱精神官能症，活在简单的世界中。

想要摆脱精神官能症性质的生活形态，只要逆转它们拥有的共通特征以及错误方向的优越性追求的要件即可。错误方向的优越性追求要件有三点，我们再复习一次：

1. 控制他人

2. 依赖他人

3. 不想解决人生的问题

因此，正确方向也就是结合共同体感觉的优越性追求，应该是下面这样：

1. 不控制他人

2. 不依赖他人（自立）

3. 要解决人生的问题

没有共同体感觉的人，会把自己与世界隔离开来，把他人当作敌人。当然，他人既然是敌人，他就不会对他人作出贡献。

健康的生活形态其实就是精神官能症性质的生活形态的相反。精神官能症性质的生活形态的特征，如同前面所看到的：

1. 认为我没有能力

2. 认为每个人都是我的敌人

因此，健康的生活形态应该是：

1. 认为我有能力

2. 认为每个人都是我的同伴

首先必须让被溺爱的孩子，或以被溺爱的孩子的生活形态生存的人知道，这个世界并不是一个危险的地方。第二，让他们知道这个世界虽然不是以他们为中心运转，但这个世界之中一定有他们的容身之处。

　　想要改变熟悉已久的生活形态并非易事，但现在或未来并非由无法改变的过去决定，因此我们可以通过新的生活形态取代旧的，重新修正我们的人生。帮助他们作这样的思考的过程就称作"赋予勇气"。

　　"在治疗的任何一个阶段，一定要保持赋予勇气的方向。个体心理学坚信任何人可以做到任何事，赋予勇气就是要在这份坚信下实行。"（《自卑与超越》）

　　秉持原因论立场的人，绝对不相信任何人都可以做到任何事。但阿德勒心理学认为，无论是治疗、育儿、教育，都应该从赋予勇气开始，至赋予勇气结束。具体应该怎么做呢？接下来，我想从阿德勒的教育观点来思考这个问题。

第七章

阿德勒的教育论
——直面人生问题的勇气

维也纳的教育改革

奥匈帝国在第一次世界大战中败北后，奥地利变成一片废墟，食物匮乏，传染病流行，医药品不足，大部分人都破产了。曾经作为强大帝国的首都而大放异彩的维也纳，几乎在一夜之间，变成和某个小国的都市没什么两样。荒废不止发生在经济层面，连道德也跟着堕落，犯罪率攀升。

这时，社会民主党掌握了维也纳的实权。他们在1919年5月的选举中大获全胜。之后约十二年的时间，他们开始兴建供劳工使用的公寓、设置免费诊所、充实学校和社会性基础设施等，展开一连串被称为"红色维也纳"的革新市政。

特别是教育改革，社会民主党花了很大的心力投注在这一块。曾短暂担任过教育部部长的欧德·格勒克尔在这个时候，担任了维也纳的教育厅厅长，将社会民主党一连串的教育改革法制化。例如，免费发送教科书、设立学生专用的图书馆以及老师专用的图书馆、禁止体罚等。

格勒克尔通过维也纳的教育改革，希望劳工阶级的孩子都能获得平等受教育的机会，他把实现这个理想的主要行政任务交给卡尔·福尔特缪勒，两人共同完成了义务教育的改革。福尔特缪勒是阿德勒多年的好友，曾和阿德勒一起加入弗洛伊德的维也纳精神分析学会。他离开学会后成为一名社会主义的教育家。

作为这次改革的一环，阿德勒在1919年到1920年设置儿童咨询机构，让在学校和各种学生接触的教师有一个寻求建议的渠道。阿德勒会根据教师提出的案例提出问题，统整之后，在教师面前，实际为患者的孩子和父母做心理咨询。

不久，阿德勒这项免费的心理咨询服务引起许多父母的广泛关注。于是，一个礼拜一次到两次，由精通个体心理学的精神科医生、心理学家组成的治疗团队，开始利用学校的空教室，与孩子和父母面谈。这个团队并没有从维也纳市的教育委员会获得任何报酬。面谈的形式有很多种，可能是父母或孩子先接受面谈，总之父母和孩子都能免费获得协助。

致力于维也纳的教育改革的福尔特缪勒，认为应该训练教师学习新的授课方法，不要强迫孩子读书。但保守的维也纳大学理事们拒绝所有与这项提议相关的措施。他们主张，奥地利的年轻人不需要曾在大学接受授课训练的老师。

于是，维也纳市为了阿德勒以及认同阿德勒理念的改革者的教育改革，独自设立了一所教育研究所。支持阿德勒的教师在阿德勒不知情的情况下，进入了维也纳的教育委员会，希望可以通过职权雇用阿德勒。1924年，阿德勒被录用，成为该研究所治疗教育部门的教授。

阿德勒上课的方式，是一边朗读听讲者也就是教师们提出的案例报告，一边作出推测与解释。阿德勒在教育研究所开的这门课，从 1924 年到 1927 年之间，共有六百多位维也纳教师参加，这期间他从未停课。教育研究所因此大获成功，直到 1927 年为止，维也纳市只聘用从教育研究所毕业的教师。

阿德勒在教育研究所的授课风格，早在1920年开始，在成人教育中心"Volksheim"（国民集会所）上课时就确立。他上课的风格非常友善，不使用专有名词。

不使用专有名词同时也是阿德勒创建的个体心理学的特征之一。阿德勒曾经非常希望能够在维也纳大学教书，但这个愿望一直无法实现。或许如此，阿德勒对于维也纳大学医学院内的知识精英主义，总是持有批判的态度。在学院之外活动的阿德勒把诊所设在平民生活区，而非高级住宅区。来找他看病的人通常都是穷人，有时阿德勒甚至不收取医疗费用。对阿德勒来说，在成人教育中心开的课程非常刺激有趣，他把自己所有的热情与精力都投注在这里。

前往美国

后来，个体心理学终于跨出奥地利，受到国际上的认同。阿德勒一开始的活动范围仅在欧洲各国，后来跨海到美国演讲、上课。渐渐地，他待在美国的时间变多了。1927年他在纽约的新学院（The New School）教课，1932年他成为长岛医学院（Long Island Medical College）的教授。一开始他一年只在维也纳待两个月，其余时间都在美国活动，自从希特勒的纳粹掌握政权后，他就不再回奥地利，决定在美国定居。这一年是1934年。

阿德勒第一次来到纽约市是1926年，他五十六岁的时候。从伦敦出发的那晚，阿德勒做了一个梦："我照预定的时间上船了，但船突然间翻覆、沉没。平时身边用的东西全都在船上，但所有东西都被浪涛破坏殆尽。"（霍夫曼《阿德勒的生涯》）

阿德勒在美国必须说英语。为了学会英语，付出的努力非比寻常。在维也纳以善于辩论闻名的阿德勒，在这里不能说德语。当他想到自己只能带着浓厚口音说话时，心情或许会有些沮丧。但就我看到阿德勒用英语演讲的影片而言，他的英语充满张力，虽然带着很重的维也纳口音，但整体来说相当流畅。

霍夫曼在书中写道，阿德勒在第一次出发前往美国的

那晚,"很罕见地体验到自信心丧失以及内心不安的感觉。"(《阿德勒的生涯》)

阿德勒那晚做的梦还没结束。"我被卷入海中,拼命疯狂地在惊涛骇浪中划水。最后我凭着意志和决断力,安全地回到陆地上了。"(《阿德勒的生涯》)

阿德勒这晚做的梦,显现了他即将前往美国这个新天地展开他全新的人生时所表现出来的态度。阿德勒在美国每天都去上英语课,直到有自信上台用英语演说为止。他六十岁才开始学开车。学英语、学开车都不是那么容易的事,但阿德勒认为:"虽然我英语说得很不好,但若用这个理由闪躲用英语演讲这个问题,那就和精神官能症患者找借口回避人生问题的态度没有两样。"我们可以说阿德勒这种面对困难的勇气,正好表现在他那晚做的梦:拼命疯狂地在惊涛骇浪中划水,最后安全地回到陆地上。通过做这个梦,他成功地克服内心的不安。

阿德勒提出的关于精神官能症的理论非常具独创性,但他不仅提出理论,如前文提到的,阿德勒还实践了自己说过的话,这一点是我最想强调的。精神官能症患者在面临问题时,会找各种借口试图逃避。但阿德勒并没有这么做。

阿德勒年老时才学英语这个小故事,正好显示了阿德勒的基本思考方式,也就是他怎么看待他人。阿德勒对美国人持有信任感。他相信美国人不会因为自己英语不好,就不来听他演讲。的确，或许有人会用英语不好为理由，嘲笑、批判阿德勒。但是这样的人背后真正的目的只是想批判，因此他永远都找得到理由批判，英语好不好不是重点。

阿德勒在美国的演讲获得前所未有的好评。和讨厌美国、在知识上处于超然立场的弗洛伊德不同，阿德勒很喜欢到处解说自己的理论，不限对象，而且乐在其中。1927年，他的 *Menschenkenntnis* 这本书被翻译成英语在美国出版，标题译作 *Understanding Human Nature*（《阿德勒谈人性》），成为畅销书。这是在英语圈，阿德勒第一本获得好评的书。阿德勒把活动的据点从维也纳转移到美国之后，1927年冬天，当他抵达纽约时，这本去年秋天出版的英译本，很快就印了第二版，成为销售超过百万的畅销书。

但是以今天眼光来看，这本书绝非一般的入门书。霍夫曼认为这本书能够大受好评，光靠出版社巧妙积极地营销还不能达到这样的成绩，主要是因为阿德勒可以"正确地判读出美国人的倾向"（霍夫曼《阿德勒的生涯》）。首先，读者立刻就察觉他完全不使用专有名词。这本书是根据阿德勒在维也纳的成人教育中心上课的内容编写而成。但是，光是书写风格平易近人还不够，更重要的是大家能接受他书中所讲的思想内容，否则不可能在美国大获成功。许多书评家对这本书的独创性和条理性印象深刻。阿德勒让大家知道，关于人的本性的知识，并非只能由专家独占。他把怎么过生活这件事，根据共同体感觉、赋予勇气、乐观主义的原理，用每个人都能理解的方式说明出来，为大家指出明确的方向。之后，阿德勒的书籍在美国陆陆续续出版。

就这样，阿德勒的思想在美国这片新天地开花结果。阿德勒在美国看到这样的光景："我再也看不到有学校要小孩子把手放在膝盖上，安安静静地坐好，一动也不许动。"（《阿德勒心理学讲义》）

这里的教育和阿德勒自己在维也纳经历的因循守旧的教育经验完全相反。为了要理解阿德勒的教育论，我们应先从阿德勒自己受到什么样的教育开始谈起。

阿德勒所受的教育

在当时的维也纳，想要成为医师，六岁到十岁要先上国民学校，之后八年要在文理中学就读，毕业后才能进大学念医学院。阿德勒于1879年就读史佩尔文理中学（Sperl Gymnasium）。十四年前，弗洛伊德也就读这所学校。由于满十岁才能进这间学校，阿德勒的父母谎报年龄，让实际只有九岁的他进入学校就读。

但是阿德勒在学校的成绩很差，第一年就留级。特别是数学他觉得太难了。可能是因为父母给他太大的压力，同学间竞争意识很强，他又比别人小一岁的缘故，阿德勒觉得自己很难适应这所学校。父亲利奥波德对成绩总是不理想的阿德勒大发雷霆，威胁他不要念书了，去当制鞋工匠的学徒。不知道是不是这个威胁太过可怕，之后阿德勒开始拼命地念书，结果他的成绩立刻提升，连最棘手的数学也被他克服了。

有一次，老师在解一个很难的题目时解不出来，呆立在讲台边。那时，全班只有阿德勒知道答案。从此之后，阿德勒对数学的态度产生一百八十度的转变，他开始享受学数学的乐趣，并通过各种机会努力提升自己的数学能力。

大概是这次经验的影响，使得阿德勒不相信才华或遗传的影响力，反而用自己作为例子，证明孩子可以消除自己给自己设定的局限（《自卑与超越》）。

当然，想要达成目标、解决问题，努力是必要的，只要不是异想天开的事情，最终都可以实现。阿德勒引用罗马诗人维吉尔的话："他们之所以做得到，就因为他们认为自己能够做到。"（《儿童教育心理学》）这不是心灵主义。阿德勒提醒我们，时常臆测自己做不到，久而久之就会变成一辈子的僵固观念。这样的臆测必须根除。阿德勒说的"任何人都可以做到任何事"这句话，必须从上述的脉络中去理解它（《阿德勒心理学讲义》）。

教育最大的问题就是孩子认为自己有局限。孩子会拿遗传或才华作为理由，甚至连用心做就做得到的事情，也会用这个借口逃避，这才是最大的问题。实际上，假如孩子和大人都关心这个问题，一定会努力去了解问题出在哪里。

前面说过，阿德勒被父亲威胁去当制鞋工匠的学徒时，由于太害怕而开始努力用功，结果成绩很快就提升了。这个趣闻对照反对强制性教育的阿德勒教育论，感觉不是真的故事。但假如它是事实，那么他的父亲就成了负面教材。

阿德勒在1881年转学到黑尔纳尔斯文理中学（Hernalser Gymnasium）。他在这里念到十八岁，取得大学的入学资格。这所学校单调、严格的教育也可以算是阿德勒教育论的负面教材之一。这所学校的课程全都规格化，老师永远都是单方面授课，甚至连文理中学最高年级，也就是十八岁的学生，都被当成小孩子看待。

"许多毕业生在艺术或科学上颇有成就，与其说这是学校教育的功劳，倒不如说，他们在这样的学校中受教育，居然还可以达成这样的成就。"（霍夫曼《阿德勒的生涯》）

于是，后来阿德勒对于那些只会教学生将知识囫囵吞枣的学校提出批判（《性格心理学》）。但是阿德勒的古典素养都是在文理中学培养出来的，因此不禁让人怀疑，他这样一味地给予其否定评价是否妥当。

进入大学之后，阿德勒对学校教育依然没有好感，如前述，他认为医学院的课程大多重视实验或诊断的正确性，比较不重视对患者的关心或治疗方式，因此他觉得上这些课非常无聊。即便如此，认为拯救人类最好的手段就是成为医师的阿德勒，虽然不满意医学院的课程，但他已经下定决心要达成目标，为了不丧失这份热情，他常常跑到附近的咖啡馆和友人聊天。阿德勒开始有人与人是对等的这个想法，大概就是在咖啡馆与同伴无止境的讨论中萌芽的。

在美国的孩子，和阿德勒在维也纳的体验完全不同，老师不能用他是老师这个理由就要他人尊敬他。有人会认为这是老师的权威丧失、教育堕落的现象。但阿德勒不这么想，他在二十世纪二十年代就这么说："想要和他人相处愉快，必须以对等的人格互相对待。"（《人为何会罹患精神官能症》）

阿德勒来到美国之前，就已经认为人与人之间应该是对等的关系。如果我们可以与孩子保持平等的关系，尊重对方、百分之百相信对方，就没有必要逼着孩子念书了。阿德勒从未处罚孩子，这点他的孩子亚历珊卓拉和科特都曾作证（霍夫曼《阿德勒的生涯》）。

阿德勒希望通过教育改变世界，他的目标是把人与人应平等对待的看法散播出去。从那以后，时至今日，这样的看法不管在育儿还是治疗方面，都是阿德勒心理学的基本观念。

以下，我要开始介绍本章的主题，也就是阿德勒对教育的想法，我特别会着重在赋予勇气的部分。

是谁的问题

　　小孩子长大之后，必须面对人生各种问题，无法回避。赋予勇气就是帮助孩子提高自信心，相信自己可以解决人生的问题。人生的问题与人际关系息息相关，只要认为他人是敌人，与人的关系就不可能变好。想要拥有解决人生问题的自信，前提就是把他人当作同伴而非敌人。

　　有一件事情要先厘清。小孩子面对问题该怎么处理，这原本应该是孩子要伤脑筋的事，而不是父母。比如说某个孩子不想念书，那么他就要承受不念书的后果。后续引发的责任问题，也必须由孩子扛起。因此，要不要念书是孩子的问题，而不是父母的问题。大抵所有人际关系的纠纷，都来自于自己插手管别人的问题，或是别人插手管自己的问题。不只是亲子关系，所有的人际关系都是这样。孩子知道自己该念书却没念书，但却被父母指出这个事实，然后被要求好好念书。正因为父母说的是正确的，所以孩子更忍不住想反抗。

　　因此，最简单的方法，只要是孩子的问题，父母什么都不要做。但身为父母看到孩子苦恼，手足无措时，一定会想提供援助。有些时候孩子确实需要父母的帮助，特别是当孩子还小的时候，很多事需要父母帮忙。这时父母提供的援助若十分恰当的话，不管结果成不成功，孩子会知道这个问题应该是自己要处理的，不能把任务转移到父母身上。念书这件事，父母无法代替孩子去考试，更别提孩子的人生，父母无法代替孩子过他们的人生。帮助孩子提升自信，让他勇于靠自己的力量解决自己的问题，阿德勒把这样的行为称作"赋予勇气"。在有必要的时候，孩子寻求援助确实很重要，但父母最多只能做到帮助孩子靠自己的力量处理自己的问题。但很多父母不知道应该这么做，反而以赋予孩子勇气作为冠冕堂皇的理由，对孩子进行操控与支配。

比较好的做法是，父母先建立正确的观念，然后再具体地思考自己可以帮助孩子什么，怎么帮、怎么做才是赋予孩子勇气，要怎样教育孩子等。

不处理问题的决心

阿德勒说："我只有在觉得自己有价值的时候才会鼓起勇气。"

当孩子回避人生的问题，与其说是问题本身很困难，不如说是因为他认为自己没有价值。当然，孩子所面对的问题当中，一定有很困难的问题，甚至有时候会遇到他根本解决不了的问题。但是，任何人都会遇到困难的问题，这时候与其认为自己解决不了，不如说是他觉得自己没有价值，所以面对问题时无法提起勇气。

更进一步地说，孩子若觉得自己没有价值，是因为他们必须这么想。事实上，只要不是太过异想天开的事情，解决问题、达成目标当然要付出很多努力，但只要努力，没有解决不了的事情。

其次，孩子遇到问题却不去解决的原因，不是因为该问题完全没有解决的可能，而是因为他害怕无法达到自己想要的目标，比如说想在考试中取得好成绩。取得好成绩这个目标本身并没有问题，但是假如他是为了赢过别人，或是因为自己在读书以外的方面赢不过别人，为了隐藏自己的自卑感，所以才想要取得好成绩的话，当他知道很可能无法达到自己期待的成果时，他会干脆在一开始就放弃，不去考试。他不允许自己努力地去学习功课，结果换来的却是失败。他想要保留"只要我想做就做得到"的可能性，比起失败，他宁愿不去学习，即使他会因此遭受责难。

当遇到上面的状况，孩子就会找许多借口，比如说"提不起劲"就可以当成不愿处理问题的免死金牌。因为光是说"不愿意"去解决某个问题，无法说服别人，一定要找个理由才行。虽然"提不起劲"这个理由不一定会被他人所接受，但至少可以说服自己，这样就够了。他为了把自己不想处理问题的行为做正当化的解释，所以欺骗自己，但他没察觉，也不想察觉这件事。对于一次都没考过好成绩的孩子来说，应该会直接选择逃避，对那些意外取得好成绩的孩子来说，只要他没有自信可以再次取得好成绩，同样会选择逃避问题。

帮助孩子找到自己的价值

考虑到上述的问题，接下来我想谈我们如何帮助孩子找到自己的价值。若孩子没办法找到自己的价值，他就不愿意去解决问题。就这层意义来看，赋予勇气的做法不是给予孩子解决问题的能力（阿德勒曾说"任何人都可以做到任何事"），而是要帮助孩子找到自己的价值，但通过传统的教育方法无法提供孩子这样的援助。

我们在面对下定决心表现出提不起劲的样子的孩子时，一定要非常慎重。许多父母或老师看到孩子不念书时，都想做些什么改变他，但接触的方式很重要，一旦弄不好，事情会比什么都不做还要恶化。任何一种类型的孩子，当他认为自己无法解决问题时，他的勇气就会溃败。我们希望可以帮助这样的孩子面对问题。记住，是帮助孩子自己去解决问题，而不是父母教孩子应怎么解决问题。

关于责骂

今天，仍有不少人公开宣称，责骂对孩子的教育有帮助。很多人认为，该骂的时候就要骂。我想大概有更多人认为，每天的生活中要完全不骂孩子，实在是不可能的事。但是责骂没办法让孩子认同自己有价值，也没办法帮助孩子面对问题。

有些孩子认为解决问题一点也不重要。这些孩子只要听到父母下达指令要他去解决某个问题，他二话不说就拒绝。

这样的情形特别容易发生在父母责骂孩子的时候。挨骂之后，有的孩子会因为害怕，不敢面对问题，有的孩子则是直接反抗。因为孩子知道父母讲的是正确的，是有道理的。比如说，父母叫孩子要早点写作业，否则时间拖晚了会想睡。孩子听到父母这么说时心想，这么简单的道理还用得着你说，于是就更生气了。当孩子一旦这么想，他可能就会放弃写作业了。责骂无法改变孩子不想处理问题的决心。即使孩子因为大人的责骂，表面上愿意去处理问题，只要他不是出于自发性，很容易又故态复萌。

大概没有人在责骂的时候不带愤怒的情绪吧。阿德勒说，愤怒会疏远人与人之间的距离（《性格心理学》）。想要帮助孩子，就不能和他离得太远。我们最容易犯的错误就是通过责骂，一开始就破坏我们与孩子之间的关系。我们总是在和孩子的距离变遥远之后，才开始想要帮助孩子，这是不可能的。关系越远，越难帮助到孩子。站在孩子的立场来看，他不可能把骂他的人当作同伴。在这个情况下会发生什么问题，我们后面马上会看到。

为什么无法帮助孩子，因为挨骂的孩子不会因为挨骂而学到任何事。虽说父母是出于好意，希望通过责骂改善孩子的行为，但事实上，责骂却无法达成这个目的。

我的孩子在两岁的时候一边走路一边喝牛奶。后来正如我所料，他把牛奶洒出来了。这时，大部分的父母都会责骂孩子（而且是在牛奶洒出来之前）。但我们希望孩子学到的是，失败时要怎么负起责任，以及让他思考为了避免下次重蹈覆辙应该怎么做。重点并不在道歉。孩子失败的时候，父母若感到害怕，小孩子下次也会对失败感到害怕。如此一来，孩子会因为害怕失败，变得不敢面对问题，久而久之就认为自己没有能力。一旦孩子觉得自己什么事都办不到，这个观念就会变得根深蒂固。

孩子的态度一旦变得消极，就不会积极主动地做事情，这时紧接而来的问题就是，他失去对别人作出贡献的动力，满脑子只考虑自己的事。他想的不是如何对别人作出贡献，而是在意别人用什么眼光看他。比如说在电车中，他看到老年人想起身让座，但担心被回应自己年纪还小，不需要让座，不喜欢被人这么说的他，就在犹豫不决时错过了让座的时机。

责骂的弊害不仅出现在被责骂的孩子身上，它甚至会造成社会问题。前面提到，阿德勒在五岁时被独自留在溜冰场中，后来得了肺炎。在日本也发生过类似的事件，有小孩子和朋友一起去河边玩，结果朋友掉进河水中溺水，这个小孩子却丢下溺水的朋友自己回家，朋友被人发现时已经死亡了。问这个孩子为什么不立刻通报大人，他说因为怕被父母知道会挨骂。遇到这种情况，即使会被父母骂，也应该要立刻通报才对，但是害怕挨骂的孩子，只会考虑到自己。

看看我们的一些企业与公务机关人员，很多人明知道这么做早晚有一天会被发现，仍心存侥幸，找到机会就隐瞒自己的违法行为，我认为这应该也是责骂教育造成的影响。就像害怕被父母责骂，想逃避责任、隐瞒失败的孩子一样，这些大人也是害怕对自己所属的团体产生不利，所以隐瞒失败和违法行为。被发觉之后，他们开记者会对大众低头赔罪的痛苦表情，看起来都一个模样。这种"没被抓就好了"的意识，应该是从小在挨骂的环境中长大的人慢慢在心中培养起来的吧。

被父母骂还有一个作用，那就是孩子会受到关注。只要不是婴儿，孩子都知道自己这么做会惹父母生气。即使如此他仍这么做，是因为他即使挨骂，也想获得父母的关注。因此，关键不在于骂孩子骂得很凶，但孩子怎么还改不掉问题行为，而是正因为你不断地骂孩子，孩子才改不掉问题行为。

责骂人意味着你没有平等地看待对方。假如你平等地看待对方，应该就骂不下去了。即使你真的很想改变对方的行为，也要平等地看待对方，一来，你就会认为不需要用责骂的方式；二来，你也骂不下去。我们只有在把对方看作比我们低一等时，才会骂对方。当我们在人际关系中被认为比对方低一等时，我想没有人开心得起来。

称赞的问题

那么，不要责骂，用称赞就不会有问题了，是吗？也不是。被称赞的孩子和挨骂的孩子一样，都不是自发性地采取行动。若某个孩子是为了获得称赞而去处理问题，就代表没有人称赞他时，他就什么也不会做。我们希望教育出来的孩子是即使没有人看见，他也会依照自己的判断而行动。

称赞和赋予勇气最大的不同，在于称赞是以由上对下这样的关系为前提所做的给予。孩子被大人称赞，其实一点也不高兴。某个和父母一同前来的三岁小女孩，在父母做心理咨询的这段时间里，她都乖乖地在一旁坐着，这时父母可能会称赞她："你好棒哦。"但换个场景，若妻子陪着丈夫前来做心理咨询，在咨询结束时，在一旁等待的妻子被丈夫夸奖说："你好棒哦。"妻子一定高兴不起来，反而还会有一种被瞧不起的感觉。孩子也是一样。有些人会认为，才不是，孩子一定很高兴。会有这种想法的人，就是没有把孩子当作大人一样平等对待。这些人认为称赞孩子是应该的，丝毫没有顾忌。当然，这种被称赞才会行动的孩子，是不可能自发地采取行动的。

称赞孩子，孩子或许会把父母当作同伴，但若是习惯性地一直被称赞，最后他会认为自己没有能力解决问题。称赞这件事有一个前提，那就是认为某件事对方应该做不到。大人原本认为孩子应该做不到某件事，结果孩子却意外地做到了，这时即使父母称赞他："你好棒哦。"孩子一点也不会觉得不高兴。

赋予勇气与自己的价值

那么，应该怎么做才好？不是责骂，也不是称赞，阿德勒提倡教育孩子的方式是"赋予勇气"。孩子不愿解决问题，与其说是问题太过困难，不如说问题是出在孩子对自己的评价。假如孩子对自己的评价是恰当的，那么即使他最后没有成功解决问题，也不至于一开始就放弃。阿德勒说，孩子不愿解决问题，是因为认为自己没有价值。孩子的问题不可能由大人代劳，但大人可以从旁协助。在协助的时候，要想办法让孩子认为自己有价值。

那么，孩子在什么时候会觉得自己有价值呢？以及，大人要怎么和孩子说话，才会让孩子认为自己有价值呢？为什么让孩子觉得自己有价值很重要呢？因为他以后还是他，他只能靠自己。若是其他自己不喜欢的东西，花钱再重买一个就好了，但这个"我"没办法替换成别人。即使"我"已经染上某些习性，未来一直到死为止，自己还是必须和这个"我"相处。只要这个事实没有办法改变，认为自己没价值的人就永远无法获得幸福。

不被他人的评价左右

有些孩子很在意别人对自己的评价。别人说他好，他就高兴；说他不好，他就难过、愤慨。这其实很没道理。人的价值并不依存于他人的评价。人不会因为别人说他是坏人，他才变成坏人；或因为别人说他是好人，他才变成好人。在意他人评价就意味着这个人对自己抱有想象，会去配合别人对他的期待。

因此，赋予勇气的目标就是帮助孩子不被他人的评价左右。已经被赋予勇气的孩子就不会被他人的评价左右，也不会特意表现出比实际更好的样子。能做到这一步，孩子就会产生很大的改变。但是，我们还是要谈到具体该怎么改变，否则容易流于空谈。

把短处看成长处

人不可能突然改变。想要认同自己的价值，必须把自己的短处看作是长处。那些已经被赋予勇气的孩子，就有办法用和过去完全不同的观点看待自己。比如说，把"阴沉"看作是"体贴"。自己要这么看自己很困难，但大人可以教孩子用不同的角度看自己。

这就是去改变赋予自己的意义。当然，改变赋予的意义也有可能是把好的看作不好的。比如说，把原本认为的长处看作是短处。其实只要持有善意，任何事情都可以看作是好事，如果失去了善意，原本被认为是一板一眼、一丝不苟的人，也会被看成是吹毛求疵，啰嗦麻烦的人。

对于自己的看法也是，有些人一开始就决定不喜欢自己。他这么做是有目的的。因为他认为这么做就不需要积极地和他人建立关系。他并非找很多理由说明他为什么不喜欢某个人，而是下定决心放弃喜欢别人。因为有这个决心，所以他找出对方的短处，用它作为远离对方的理由。相反地，想要把自己的短处看作是长处，认同自己的价值，我们必须下定决心积极地与他人建立关系。

自己的价值可以通过贡献感获得

想要下定决心让自己喜欢自己，必须清楚地理解与他人建立关系对自己来说是有用处的。人无法孤立生存，必须和他人保持关系。而且这种关系不是敌对的，而是像阿德勒创造共同体感觉这个词的原文"Mitmenschlichkeit"说的一样，人和人是互相"联结"（mit）在一起的。

阿德勒说完"我只有在觉得自己有价值的时候才会鼓起勇气"这句话后，后面接着说："会让我觉得自己有价值的只有一种情况，那就是我的行动是对共同体有益的时候。"

想要让自己喜欢自己，无论是不在意别人对自己的评价，或是把短处看作是长处，都是必要的做法。除此之外，还有一个更积极的方法。通常我们喜欢自己的时候，绝对不会是在一旁袖手旁观的时候，而是明确地知道自己对谁有帮助，也就是内心产生贡献感的时候。

　　做对共同体有益的事、对共同体作出贡献的时候，我们会觉得自己对别人有帮助，自然而然就觉得自己的存在有价值。阿德勒心理学鼓励赋予别人勇气，而不是称赞别人，比如说对别人说"谢谢"，用意就是希望让对方觉得自己帮助到他人了，借此让他觉得自己是有价值的。

　　从小在习惯于被称赞的环境中长大的孩子，若不能帮助他觉察什么行动是应该做的（在意他人的评价），他会毫不犹豫地放弃那些行动，并认为不称赞自己的都是敌人。这样的人和那些拥有贡献感，即使没有获得他人赞赏，但内心依然觉得富足的人，形成强烈的对比。

　　如上述，想要觉得自己有价值，就必须让自己感觉对他人作出了贡献。想要让自己觉得帮助到了他人，就必须把他人当作是"同伴"，这个用词我们已再三强调。把他人当作同伴之后，我们自然而然就会觉得不能一味地接受别人的帮忙，我们也应该付出，也就是作出贡献。但是，我们不可能一边责骂对方，一边又把对方看作是同伴。又或者，有人喜欢得到别人的称赞，但假设被称赞的事情是他原本就做得到的事，这时，他仍无法把称赞他的人看作是同伴。因为光是一味地获得别人称赞，并不会让自己觉得有价值。

以前面的例子来说，小女孩在父母做心理咨询时乖乖在一旁等待，父母不应该称赞她"好棒哦"，而是应该要说"谢谢"。这么做的目的是帮助孩子让她觉得自己的等待产生了贡献，而不是为了让她在下次作出同样恰当的行为。帮助孩子拥有贡献感，是为了让他感觉自己有价值。知道自己怎么做可以提供贡献，这样的孩子会觉得自己很有价值，自然而然地他会开始喜欢自己。这样的孩子，才会勇于解决自己碰到的问题。

这样的孩子从不会向他人表现出自己很优秀的样子，也不会在意自己有没有获得他人的称赞，不会去追求他人的认同。获得他人认同会让人觉得很高兴没错，但若孩子追求这样的目标，并对此有所期待时，那么即使他做的是对他人有贡献的事，效果仍然和受到称赞没有两样。假设孩子是为了展现自己很优秀、希望获得称赞和认同而去做某个行动，那么当他没办法达到这个目的时，他就会选择不去解决问题。

若是单纯地只想对他人作出贡献，不管别人怎么评价自己，都不会受到影响。解决问题也是，即使孩子最后没有成功地解决问题，总比连做都不想做的状况要好得多。能够有这种想法的孩子，他关心的永远不是自己，而是他人。假设对他人的贡献就是他行动的目的，他一开始就不会有不采取行动这个选项。当然，也不会有提不起劲这个理由。会提不起劲去解决问题的孩子，都是脑中只想着自己的孩子。赋予孩子勇气第一步要做的，就是帮助孩子把对自己的关心转向对他人。责骂或称赞这些方法虽然看起来有即效性，但对孩子的影响，从结果来看都是在绕远路而已。

不求回报地帮助他人

有些孩子认为别人帮助自己是应该的，他只关心别人有没有为自己做些什么（包括有没有称赞自己）。这样的孩子认为自己是世界的中心，世界是绕着自己而转。的确，人无法离开他人生存，我们希望自己是属于这个世界的一分子，并在其中找到自己的容身之处，这是人的基本需求。但是这并不意味着：自己是这个世界的"中心"。我们是待在这个世界"中"没错，但不是"中心"。

认为自己是世界的中心的人会认为，我活着不是为了满足他人的期待。这个主张是正确的。但是，假如他这么主张，那么当别人提出同样的主张时，他也必须承认。也就是说，既然你不是为了满足别人的期待而活在这个世界上，那么别人也不是为了满足你的期待而活在这个世界上。

我举一个自身的经历。我曾因为心肌梗塞昏倒，接受冠状动脉搭桥手术。某天，在术后伤口尚未完全恢复时，我必须搭电车到某个地方。外面的人并不知道我动过手术才刚出院没多久，当然，也就没人让座给我。即使我脸色苍白，感觉快要昏倒，我也没有理由对别人不让座给我这件事生气。当然，假使我真的昏倒了，大多数的状况下，一定会有人来帮助我，但是这样的帮助只能说是他人的好意，而非他人的义务。自己没开口，别人不可能知道你需要什么。因此，当我们开口时，不应该用命令的语气，而是要用拜托的语气。

相对地，当我们帮助别人时，听到别人对我们说"谢谢"时，确实会很开心，所以我们也会想对别人说谢谢，但不是每个人都会对我们说谢谢。这时候，即使别人没有注意到我们做的事，我们也不应该感到不满。习惯在被称赞的环境中长大的人，这时候就会要求别人必须以某种方式回报自己，因而引发各种问题。帮助别人，不应存有期待回报的心。

想要达到这个境界，第一步要做的就是前面提到的，把他人看作是同伴而不是敌人。很多人即使可以喜欢自己，却没办法把别人看作是同伴。尤其是在被责骂的环境中长大的孩子，很难把他人看作是同伴。老是挨骂、害怕失败的孩子，慢慢地会失去积极主动做事的动力。当然，更别说要对他人作出贡献。

但是，这并非无解的难题，只要他遇到一个把自己当作同伴的人，哪怕只有一个，当他知道这个世界有自己的同伴，他一定会改变。他不再只关心自己，也会关心其他人，并且想帮助他们。因为他知道，自己并不完整，别人也承担了一部分自己而存在着。

正因为有这种想法，被赋予勇气的孩子才会主动帮助别人，并在遇到靠自己的力量无法解决的事情时，能够毫不愧疚地接受他人的帮助。被溺爱的孩子或许很难想象，确实有些孩子完全无法信赖他人，什么事情都由自己一肩扛下，直到自己走投无路为止。

遇到对峙的状况，仍把对方当同伴

接下来我想引用阿德勒在他的著作中描述他与某位患者的关系作为例子。某位患有思觉失调症、曾被医师宣告不可能治愈的患者，完全失去活下去的勇气，但他在和阿德勒谈话之后，又重新找回勇气（《自卑与超越》）。这名患者一开始觉得，阿德勒也会和之前的医师一样拒绝治疗他吧。因为他从小就不断地经历不被他人接受的经验，使得他认为自己未来的人生也会不断遭到他人拒绝。事实上，他确实重复体验被拒绝的经历。他对阿德勒说明，这是自己的"命运"。然后，他在阿德勒的面前沉默了三个月。这段时间阿德勒用什么态度面对他，阿德勒只字未提，我们只能想象。或许阿德勒陪着他一起沉默，或许阿德勒不问他问题，只是自己一个人不断说话。

阿德勒说，他知道这名患者的沉默是"反抗性倾向"的表征。就在某天，那名患者突然开始殴打阿德勒。阿德勒下定决心，决不抵抗。那个人在殴打阿德勒时，手敲到玻璃窗受伤流血了。阿德勒替他受伤流血的手包扎。这时，接受阿德勒包扎的他，脑中在想什么呢？也许，他原本想揍人时的激动情绪冷静下来了；也许因为他看到自己的手在流血，情绪不再激动，冷静下来了；又或者，更多的是讶异与困惑吧，自己明明殴打了阿德勒，但阿德勒却完全不抵抗。阿德勒对那名男性说："怎么样，你觉得为了要治好你，我们两个应该怎么做比较好？"

那名男性回答："很简单。我曾经完全丧失了活下去的勇气，但是和你说话的过程中，我又找回勇气了。"

这是他经过三个月的沉默后首次发言。这段时间，他完全没有说一句话，但他最后找出接下来该怎么做的答案。原来只要拥有活下去的勇气就可以了。阿德勒在书中紧接着写道："勇气是共同体感觉的一个面向，了解到这一个体心理学真理的人，应该可以理解这位男性的变化吧。"

这名男子可能心想，阿德勒和过去他所有遇到的人都不一样。以前，他认为所有人都会拒绝他，但阿德勒并没有这么做。当他经历了不被人拒绝、反而被人接受时，一定会从中受到某种影响。当然，他也可能会想着这种事只是碰巧遇到，属于例外，接着又不断作出确认自己应该会被拒绝的行动。

就像父母某天突然不骂孩子了，孩子一定会觉得事有蹊跷，猜想背后一定有什么原因。于是，他会故意做出一些让父母绝对会生气的事，这时若父母又流于情绪性地责骂，他就会想，果然嘛，他们根本没改变啊。

但是，若能像阿德勒的患者这样，认为对方是我真正的同伴时，人就会发生改变。

再举另一个思觉失调症患者的例子。某个女性患者在接受阿德勒治疗时，也曾有一个月一句话都不说，这一期间只有阿德勒对她说话。一个月后，她开始觉得混乱，很难理解阿德勒说的话，不过这时，她终于开口说话了。阿德勒说："我变成她的朋友，她觉得自己获得勇气了。"（《自卑与超越》）但是，事情没那么简单就结束。后来，阿德勒也被这名患者殴打了，因为她内心被唤起的勇气过多。不过由于她力气很小，阿德勒便任由她打。阿德勒的反应超出她的料想之外。这名女患者的手也敲到窗户的玻璃，割伤了手。阿德勒没有责备她，反而帮她的手包扎。

她痊愈之后的某天，阿德勒在街上碰到那位女患者。她说："你怎么会来这边？"阿德勒邀她一起去她曾住了两年的医院。阿德勒跟那名女性以前的主治医师说，自己还要治疗其他患者，请他先跟那名女性聊天。后来，阿德勒看诊完回来，那位主治医师说："她已经完全康复了。但有一点我不满意，那就是她不喜欢我。"

无论是教育、育儿、治疗，最重要的就是获得信赖，我们应该用一个人、一个同伴的态度，和对方往来。面对习惯被纵容的患者，其实只要尽量溺爱患者，很容易赢得患者的心，但阿德勒否定这样的做法。相对地，若轻视患者，则容易招来敌意。不管是纵容或轻视，都无法帮助患者。阿德勒认为，我们不能用权威者的态度面对患者，不可以把患者置于依赖或不负责任的立场，最重要的是我们要表现出"同样身为人的关心"（《自卑与超越》）。

贡献感的重要性

有一个很重要的观念希望大家注意，人的价值并不是来自贡献，而是来自"贡献感"。如果人必须对他人作出贡献才能感受到自己的价值的话，门槛会变得很高，比如说，躺在病床上的人就无法作出贡献。

就算孩子平时再怎么惹麻烦、惹恼父母，当父母看到孩子发烧、无精打采的模样，没有一个父母不希望孩子可以恢复精神吧。就父母的立场来看，这时候孩子只要好好活着就够了。如果把这个当作是零，无论孩子做任何事都是加分。若动不动就在脑中描绘理想的孩子形象，就等于用减法来看孩子，这么一来，孩子无论做什么，在父母眼中都是减分。

那么，实际上没作出贡献的人，我们要怎么做才能让对方感觉到获得贡献感？我们可以试着努力从对方的言行中找出良善的意图。因为即使对方拥有好的意图，也可能因为表现的方式不恰当，让人难以察觉。阿德勒在谈到精神官能症患者时也说到，治疗者光只有良善的意图并不够。对自己来说确实如此，但若是对他者，我们必须努力找出对方良善的意图，只要关注在这一点上，对方就可以获得贡献感。

前面我们谈到赋予勇气时，也是常常站在给予者的立场来看待事情，假如把角度转成从被赋予勇气的立场来看的话，情况会有些不同。例如，我们说"谢谢你"这句话是为了让对方产生贡献感，所以即使我们没得到别人回一句"谢谢"，也不可以因此感到不满或不公平。

不害怕失败

假如上述的论点正确，被赋予勇气的孩子不会害怕失败，他会依照自己的判断行动，因为他喜欢为他人作出贡献，并且从不感到厌倦，和那些只考虑自己，一失败就担心别人对自己的评价的孩子完全不同。

被赋予勇气的孩子，只会关心一件事，那就是怎么解决问题。但是害怕失败的孩子不但不会解决问题，还只会关心自己。他们在意别人对自己的评价，害怕失败，害怕到甚至不愿试着去解决问题。被赋予勇气的孩子们则不会这么想。

他们不在意别人的评价，即使解决问题了，也不会借此炫耀，或表现出自己很厉害的样子。他们从不用可能性作为借口逃避问题，或认为"我现在只是不想做而已，只要我想做就一定做得到"。

总之，这些孩子遇到问题，就会从做得到的地方开始，一点一滴地去解决。这就是勇气，阿德勒把这种勇气称作"不完全的勇气""失败的勇气"。这比起害怕失败、连跨出第一步试着解决问题都不敢要好太多了。不断重复同样的失败确实是个问题，但没有失败就学不到任何东西。考完试后立刻对答案的人可以避免下次犯下同样的错误，若不敢直视自己人生的缺点和错误，重新改过，下次还是会犯同样的错。

对等这件事

阿德勒问殴打自己的患者说："怎么样，你觉得为了要治好你，我们两个应该怎么做比较好？"请注意，阿德勒不是说"我"该怎么做比较好，也不是命令对方去做什么，而是说"我们两个应该怎么做才好"。治疗者和患者的关系，对患者来说是人际关系的全部，就和亲子关系、师生关系一样。

1915年出生的新闻记者武野武智曾和某个中学生对话，结果那名中学生对武野说，和武野说话是他从未有过的经验："我从出生到现在，遇到的大人，永远都是他们在上，我在下。在家中，父母把我当孩子；在学校，被老师当学生；连邻居也把我当作孩子。但来武野先生这边聊天，我第一次被当作一个人对待，让我忍不住一直讲话。我打从出生以来，第一次不被当作是孩子，被当作是人。"（武野武智《让战争灭绝、人类复活——九十三岁的新闻记者的发言》）

另一方面，武野曾在书中写道，他认为，知道这位他完全想象不到的年轻人的存在，和不知道这件事而死去，意义完全不一样："他们不因门第、权势、家世、见识、权威，或者贫富、能力的不同，对人产生分别。而是用人与人对等的态度，直接冲向我。"（《让战争灭绝、人类复活——九十三岁的新闻记者的发言》）

面对这样的孩子，我们不需要过去传统的打骂或夸奖的教育。这些孩子发现问题时，能直率地提出来，即使大人批评他不懂得看人脸色，对他施压，不许他有异议，他们也不会遵从。

赋予勇气的问题

让我们再确认一次，所谓的赋予勇气，是帮助孩子产生自信，相信自己的人生问题自己可以解决。孩子要靠自己的判断解决自己的人生问题，大人只能从旁协助，不能替他承担责任，也不可以影响孩子的意志，让他转向别的目标。在本书中，遵循惯例，使用了"赋予勇气"和"被赋予勇气"这样的说法，但不是意味着大人要对孩子进行操作或控制。这两个用语真正的意思是帮助孩子自立，大人需要做的就是忍耐而已。大人强迫孩子自立，孩子无法真正得到自立。大人看到孩子出问题时就对他大声斥责，这时候，孩子的问题行为确实会暂时消失。这种做法虽然具有即效性，但如同我们前面看到的，副作用实在太大了。相较之下，赋予勇气要花比较多的时间和功夫。

学会赋予勇气的方法之后，从今以后，我们大人要开始思考，应该要怎么做，孩子才会拥有勇气；如尝试错误般，不断和孩子接触、说话，然后，有一天你会发现，原来不是自己赋予孩子勇气，而是他每天生活中的考验，赋予了他勇气。

第八章

与他人的关系
——不被认同的勇气

通过他人，活出自己

前面说到"人无法独自存活"这句话，与其说意味着人很脆弱，不如说人的本质就是以他人的存在为前提，与他人共生，人才能成为"人"。一个人无法成为"人"。这句话的意思并不是指，人虽然可以一个人活下去，但最好与他人共生，而是人打从一开始就是社会性的存在。离开社会或共同体，人就无法成为个体。

确实，他人在某种意义上或许会阻碍我们前进。如果他人都照我们的意思行动，我们与他人的关系就不会变成问题。但假如他人违反我的意志，很难不认为我的世界被他人干预了。

但是他人不是只会对我们做负面性的干预而已，我们可以通过自己与他人的关系找出自我。关于自我和他者的关系，现在许多哲学家已经做过考察，其中，让我最获益良多的，是八木诚一的"弗朗特"结构理论（八木诚一《追求真正的生活方式》）。根据八木所说，若用图来表示人的生存样态的话，个体可以用四方形表示，而四方形的四条边中有一条边不是实线而是虚线。这条虚线是为了他人开放的，我们通过这条虚线与他人接触。跟我们接触的这个人是另一个四方形，其中一条边同样是对他人开放的虚线。自己没有他人无法生存，在我们生命中发挥作用的他人，也同样受到另一个他人的帮助，大概是这样的意思。

虚线这条边表示的是人与他人接触。另一个重点是，在这条虚线中（也可以说是"面"，亦即八木说的"弗朗特"，front），我（A）通过他人（非A）的一条边或说是面（front），成为非A的一部分。像这样，人必须对他人开放，把他人的"弗朗特"同化成自己的一部分。人把自己的"弗朗特"给予他人，同时，他人的面被同化成自己的一部分。像这样与他人结合后，套用八木的话说，人不再是一条边为虚线的四方形这种存在形式，这是因为我们的虚线通过与他人接触缝合之后变成实线，我们从个体变成存在者。

通过这个过程，人才能真正成为"人"。于是A↓B↓C……持续下去，最后形成一个圆环结构（A↓B↓C……A）。从A↓A形成一个完整的结构，A↓B是指A背负着B的存在。同样地，B背负着C、C背负着D的存在，理论上，最后会形成一个圆环（A↓B↓C……A）。

比如说，婴儿的存在是由母亲背负，而这位母亲光靠自己无法独立生存。她可能是由丈夫背负着她的存在，或是由她的母亲背负着她的存在。而她的丈夫和母亲又是靠着别人背负着他们。这种依存关系用简单的方式表示就是成为一个圆环，实际上应该是像一个球体一样。

以行为的层次来说，比如说我对 B 付出，B 有没有回馈我不知道，但是与 B 的意志无关，我可以从 B 的存在接受到某种好处（不是通过行为）。因此，即使在行为的层次上 B 这个躺在病床上的患者没有给予 A 任何东西，但 A 的存在是通过 B 的存在被给予的。

八木举婴儿和母亲的关系为例，说明若"弗朗特"交换（A 给予 B"弗朗特"，B 通过 A 的"弗朗特"与 A 同化）是在相爱的情况下发生的话，过程会非常顺利，毫无阻碍。用阿德勒的话来说应该就是人与人互相结合，"弗朗特"交换会进行得非常顺利。像这样人与人互相结合的状态，阿德勒称作"Mitmenschlichkeit"，某人知道这个道理并作出行动，我们可以说此人拥有共同体感觉。

相反地，人和人反目的话，"弗朗特"交换就不容易达成。阿德勒把人与人对立的状态用"Gegenmenschlichkcit"这个词表示。我们很难说，这种状态是人本来的常态。即使是对立，也要以他人的存在为前提才做得到。因为一个人的对立是无法成立的。

给予和接受

若脱离与他人的关系，人的存在便无法成立，同样的，把他人与自己切割开来，自己也无法存活下去。若此为真，下一个问题就是我要和他人建立什么样的关系。

我过去曾长期照顾卧病在床的母亲。那时母亲住院，主要的照顾者其实是医师和护理师，我只是陪在母亲身边，处理一些日常的琐事，称不上是照护，但我那时候才知道，原来照护是一件这么累人的事。母亲因为脑梗塞长期卧病在床，陪在她身边的我必须替她洗衣服、处理排泄物直到深夜，体力上的负担很大。但因为母亲没有意识，所以她一句话也没对我说。

四分之一个世纪之后，这次换成照顾我父亲了。父亲因为罹患阿尔茨海默型的失智症，我不能让他离开我的视线。父亲对于近期的事完全忘得一干二净，记忆就像沙画一样不断被覆盖。不管在任何时候，我都不可能期待他会感谢我。

这两个例子或许可说是人际关系中的极端情况，但基本上可以套用在任何人际关系中。人无法离开他人生存，意思就是人属于这个世界，是这个世界的一部分，但不是世界的中心。所以理所当然地，世界或他人没有义务要给予你什么。

换句话说，我们要给予别人好处，但不用去关心别人有没有给我们好处。关于称赞的问题前面已经讨论过了。在被称赞的环境中长大的人，会不断期待别人称赞他。若没有人称赞他的行为，或者他没得到自己期待的足够多的称赞的话，他就会放弃去做恰当的行为。这是不对的，我们不应该对他人有所期待。即使如此，我们仍可以拥有贡献感。回想过去我们什么时候最能感受到自己的价值，应该就是感觉到自己对某人有帮助之时，这时候我们会觉得自己有价值。有没有被感谢不是问题。前面说过，阿德勒认为自己最有价值的时候，是"我"的行动对共同体有益的时候。共同体只要两个人就能成立。

前面提到，不说称赞的话而说"谢谢"，是为了让对方的内心产生贡献感。或许别人不会对我说谢谢，这也没办法。有些人或许觉得这样太不公平了，但我的存在是以他人的存在为前提，所以我必须给他人好处。

就行为的层面来说，我们不是因为从他人处获得好处，所以要报答，而是无条件地给予他人好处。这么一来，人就可以清楚地确认自己的价值。以我母亲来说，她没有意识，所以在行为的层面上她无法给予我任何好处，但她在存在的层面上——也就是只要她活着——就能带给我好处。

更进一步地说，我母亲后来因为治疗失败去世了，已经不在这世上的母亲，就无法在存在的层面上给予我好处了吗?

没有这回事。就如同母亲感受到胎动就把胎儿当作是人一样，即使是脑死状态的人，对于和那人有关系的家人来说，他还是人。同理，去世的人，对他的亲人来说，他还是人。

上述的想法也可以套用在自己身上。即使自己没做什么特别的事，光是存在，就应该觉得对他人有所贡献。这不是从行为的层面，而是从存在的层面上来说。

这么说的用意，是因为有时候我们确实无法通过行为对他人作出贡献。比如说生病就是很好的例子。即使当我们躺在床上不能动，也可以觉得自己是有用的。这和那种不打算改变现状，也就是肯定现状的想法不同。而是即使不做任何事也会萌生贡献感，要产生这种想法需要相当的勇气。

我曾经因为心肌梗塞昏倒住院。那时候，我被要求绝对静养，甚至连在床上翻身都不行。后来，我终于可以在床上坐起身，慢慢地能够下床走路，但所有事情都要重新学习。这一期间，我必须一直麻烦家人或护理师。我当时想，这样的我要怎么作出贡献呢？别说贡献了，我根本只是在给别人添麻烦而已。

但有一天，我想通了。照顾我的人，不正因为照顾我而获得了贡献感吗？

若只想着我只会给身边的人添麻烦，或认为自己对于照顾你的人或来探病的人而言只是累赘的话，这样的想法，用本书常用的形容方式就是——不把他人当作同伴。

生病的我，难道不能想着：我通过生病，提供其他人获得贡献感的机会吗？其实，要不要用这种方式写出关于我自己的故事，我犹豫了很久，但我很希望那些需要身旁的人援助的人，都可以产生这样的想法。

阿德勒曾说，有些孩子认为自己只要存在，就具备重要性。

"假使过度溺爱孩子，时常让他成为关注的焦点，或许就等于在教他自己只要存在就好，受他人关注却不需要付出同等的努力。"（《自卑与超越》）

这是指溺爱孩子，让他成为关注焦点的情况，不适用于我们前面说明的情况。若是被溺爱的孩子，当然不宜存有这样的态度，应该要想办法让他脱离自我中心主义，教导他不能光是接受他人的给予，也要给予他人利益，把对自己的关心（Self Interest）转换成对他人的关心（Social Interest）——也就是拥有共同体感觉——一定要朝这样的方向努力，关于这一点我们前面已经说了很多。

以孩子的情况来说，一开始他当然需要父母亲提供全面性的援助，否则他无法存活下去。但若一直把这件事当作是理所当然的事，他就会养成习惯，学会被溺爱的孩子的生活形态，因此需要格外注意。若先不论这件事，在另一个层面上，孩子对父母来说，真的是只要存在着就能作出贡献。

至于生病的人，阿德勒是这么说的。人只要一生病，身边的人就会自愿地为他付出，也因此有些人感受到随着自己的恢复健康，大家对自己的关心又逐渐减少时，为了重新获得失去的关注，他会重复生病（《教育困难的孩子们》）。因此，我们在生病的时候，千万不要失去自立心。但是，若从身边的人的角度来看的话，他们对病人关注的出发点依旧是这位病人。

以孩子来说，今天他做不到的事情，我们仍可期望他明天会做到。但像我父亲这样，几乎不可能期待他会恢复的状况下，应该要更关注对方。即使是小孩子，我认为与其烦恼未来如何教育他，不如好好把握现在与孩子共处的时光，告诉自己，原来孩子光是存在就能对他人作出贡献，这样的观点和阿德勒不太一样，但我认为它很重要。若执着于人一定要做些什么才算有贡献，有时甚至会忘了最重要的目的，也就是保持对他人的关心；另一个极端则是，消极地认为自己光是活着就已经造成他人的麻烦。

在注意上述状况的前提下，我们再来确认阿德勒重视的"给予"的意义。我的存在光靠我一人并不完整。他人背负着我的存在。但不是这样就结束了，我必须把他人当作同伴，互相协助，不能只接受同伴的帮忙，也要帮忙同伴，或为他作出贡献。只有这么做，如同前面所提到的，我才会觉得自己有价值。

阿德勒说："想要解决所有关于人的生存问题，唯有合作能力，以及为此目的所做的准备。"（《自卑与超越》）阿德勒认为这种合作能力以及为此目的所做的准备，正是共同体感觉的象征。不难理解为何阿德勒会提到共同体感觉。人无法在脱离与他者的关系的状态下生存，必须与他人共生。这时，我和他人并非各自存在就好，而是我要帮助他人，就像阿德勒使用另一个词"Mitmenschlichkeit"表示共同体感觉一样，它的意思正是人与人互相结合。

赋予属性以及从中获得解脱

人与人互相结合。但同时，个体又是独立的存在。若强调人与人互相结合，自己与他人的差异会受到忽视，统一性或类似性则会受到重视。但是，正因为我和他人之间有差异，我们才能与他人结合，若没有差异性，结合就一点意义也没有了。也因为我和他人有差异，我们才需要语言。

这些道理听起来似乎是理所当然，但确实有父母与孩子在心理上一体化的案例。有些父母觉得，自己身为父母，当然是最了解孩子的人。但事实上真的如此吗？

法文有一个表示"了解"的词"comprendre"。这个词还有"包含""涵盖"的意思。我了解你，就是我涵盖你的意思。但是即使我自认可以涵盖对方，对方必定会脱离这样的框架，超乎我的理解。说我不了解对方，不是比较符合现实状况吗？当我说我了解对方的时候，被了解的对方（在我自以为的状态下）通过我的知觉活动被涵盖了，但其实没有人可以被别人涵盖。

甚至，我们连自己都不了解不是吗？保罗说："我不知道自己在做什么。因为我一直不去做我想要的事，反而都是做一些我痛恨的事。"（《圣经·新约·罗马书》）

即使知道自己无法涵盖他人的全部，还是有人装作没看见不是吗？有可能他是真的没发现。认为自己最了解孩子的父母，压根儿不会想到孩子有他无法涵盖之处。

站在孩子的立场，一定会对父母的涵盖作出强烈的反抗。父母亲认为问题出在孩子的反抗行为，却没看到这是孩子正在对父母抗议，告诉父母，即使是父母也不可以涵盖他。

但是，有些人却会接受别人的涵盖或评价。更准确的说法是，假如别人对自己的涵盖和评价是他喜欢的，他就会接受。于是，别人说自己好，他就高兴；说他不好，他就悲伤、愤慨。

但是，这太奇怪了不是吗？自己的价值并不依存于他人的评价。即使有人对我说，你这人真没用，我也不会因为他人的评价突然变成没有用的人。反过来说也一样，我们不会因为别人的谬赞，使得自己的价值突然提高了。他人的评价无法提升或降低我们的价值。

再者，不可能所有人都会对你作出同样的评价。一定有人会对你作出正面肯定的评价。即使没有人给予你很高的评价，你的价值也不会因此减少。

即使不到评价的地步，我们也确实会在意别人对我们的看法。精神科医师 R.D. 连恩在自传中说："能够领悟到自己不一定是他人认为的那样，是了不起的成就。这就是自我身份认同，也就是'为自己的存在方式'（Being-for-oneself）与'为他人的存在方式'（Being-for-others）达到一致的境界。没有达到这个境界的意识，是充满痛苦的。"

我们都希望消除这种不一致的痛苦。但应该怎么做呢？一个做法是，完全不要管别人怎么看自己。在心理咨询时，若患者的自我评价太低，我们会让他知道还有其他人有不同的看法。当他在心中判断，原来我还可以这样看自己，他就会改变对自己的看法。

连恩说："某人被赋予的属性，将限制那个人的可能性，并把他放置在特定的境地。"连恩把这个状况叫做"属性赋予"（Attribution）。所谓的属性是指：事物拥有的特征或性质（相当于第四章中说明的F）。

然而，A 对 B 所做的属性赋予，和 B 对 A 所做的属性赋予有可能一致，也有可能不一致。母亲对于想离开自己身边的孩子说："即使如此，妈妈知道，你还是爱着妈妈的。"这就是母亲赋予孩子的属性。比如说，某个女性很不喜欢一直对某位男性说"我喜欢你"，但那位男性仍无视于她的心情，大言不惭地对她说："其实 N 子也一直很喜欢我，我知道。"（鸳田清一《自我·不可思议的存在》）这也是属性赋予的一种。

但是，连恩继续说，赋予他人属性同时也是一种命令。以现在的例子来说，就是母亲对孩子说"你要爱我"，或男性对女性说"你要爱我"。当母亲问孩子，你喜欢妈妈吗，我宁愿看到孩子回答不喜欢而被母亲甩巴掌，也不要他硬吞下这种实质上等同命令的属性赋予。为什么？因为，甩孩子巴掌的母亲至少还把孩子当作是与自己分离的个体，而小孩子也知道自己可以影响母亲。

属性赋予的态度就是对于他人的独立性视而不见。比如说即使孩子不希望，母亲仍赋予他与意愿相反的属性，那么借用连恩的话来说，这就是"真的背离"（Real Disjunction）遭到废止，"假的联结"（False Conjunction）被创造出来。

想要摆脱他人的属性赋予以及评价而获得自由、想要摆脱他人的期待而获得自由、不想故意装作比实际上更好的样子，当一个人心中有这些想法，他就会改变。

同理，这些想法也可以套用在他人身上。他人不是为了符合我的期待活在这个世界上，我也不能赋予他人属性。属性赋予等同于命令，所以他人丝毫没有义务遵从这种带有命令意味的属性赋予。

不需要他人的认同

很多人认为，为了让别人接纳自己、让自己产生自尊心，必须获得他人的认同。刚才提到的接受属性赋予，其实就是为了获得他人的认同。获得他人认同确实是一件令人开心的事。又比如前面说过的，把短处看成长处，当他人对你这么做时，你会感到又惊又喜，发现原来还可以用这样的角度看自己。就这层意义来看，说我们完全不需要他人的认同可能说得太过火了，但也不是指我们非得要获得他人的认同不可。

得到他人的认同确实很令人开心，所以我们最好也对他人说出认同的话。但想要让自己获得接纳，获得喜爱，认同是绝对必要的吗？我认为不是这样。

有一个小学生，每天放学回家的工作就是要打理躺在病床上的曾祖母的大小便，但他认为这些照护工作是很理所当然的事。当我第一次听到这件事时吓了一大跳。因为，一般的孩子搞不好还会跟父母要一些零用钱。我跟孩子的母亲讲这件事，他母亲却说道："可是，这孩子都不读书。"

确实，这名母亲不把注意力放在孩子照顾曾祖母这件事上面，表示她的应对也有问题。比较好的做法应该是，关注孩子作出贡献的行为，并对他说"谢谢"。但就他的立场来看，他不认为自己做这件事需要受到关注或认同。他认为，

213

被说"谢谢"，表示自己的行为获得认同，这样虽然会很高兴没错，但难道因为没被认同就不去做曾祖母的照护工作了吗？他说得没错。婴儿只能通过哭泣吸引家人的注意，但当他长大之后成为家庭的一员，不再是家庭的中心，不能期待自己的存在或行为必须经常受到家人的关注与认同。

这位母亲会说出"可是，这孩子都不读书"这句话，就表示她只在孩子念书时认同他，而且命令孩子要念书，甚至要取得好成绩。这位母亲的观念是：不用去照顾曾祖母了，那只会妨碍你念书而已。我很希望这名小学生不要去追求母亲的认同，不仅如此，我还希望他可以摆脱父母根据他们的价值观禁止孩子做某种行为的泥淖，用自己的判断选择行为。

总是希望被关注、被认同的人，大抵是因为从小接受赏罚教育的影响所致。有些人，只要没有人称赞自己，他就不去做恰当的行为。比如说，走廊上有垃圾，希望被称赞的人就会先看看周围有没有人在看，只要没有会称赞他的人在，他就什么也不做。这实在太奇怪了不是吗？

把受关注当作行动目的的人，他做事情的动力是希望被称赞。所以，即使他作出的行为表面上看起来很恰当，只要没有从他人那里获得他期待的关注，他要么对不关注他的人表达愤慨，不然就是再也不做恰当的行为。但是，恰当的行为本来就应该是不附带任何条件的。

这里要注意的是，我所说的不需要他人的关注或认同，不是指我们不需要和他人或与社会产生联结。而是我们不用特别寻求他人的认同，人只要活在与他人的关系之中，即使没有通过语言直接获得认同，事实上我们也已经充分被认同了。当我说，我们不需要受到他人充分的认同或毫不间断的关注时，是立足于行为的层面；另一方面，若说人只要活在与他人的关系之中，即使不做任何事也可以受到他人的认同，这是立足于存在的层面。

摆脱竞争

如上述，他人不一定是妨碍我们的存在，非但如此，他们还是我们存在的基础。没有他人，这个"我"也不存在。所以，我们必须和他人协力合作。

但是，实际上却是，我们一直和他人竞争，老是通过竞争分出谁在上、谁在下，这才是问题所在。如同阿德勒所认为的，人假如和他人保持对等的关系，竞争就不需要了。阿德勒说拥有共同体感觉的人会与他人合作，作出贡献，而竞争刚好与合作相反。阿德勒说，动物的群体行动比起独自行动更容易保住性命，这一点达尔文也有注意到（《儿童教育心理学》）。其实，与他人合作的必要性，不限于生物性或是社会性的层面，还包括自己存在的根据，也就是说，当我们想为自己的存在建立基础时，合作是不可或缺的。因此，虽说在今日互相竞争的情况人们早已习以为常，但这并不是正常的存在状态。竞争最激烈的状态就是战争。阿德勒目睹了战争的现实，却仍提倡共同体感觉，认为战争、竞争都不是人的本性，这一点实在值得大书特书。

竞争是最损耗人的精神、健康的事。阿德勒引用"所有人对所有人的战争"（The war of all against all）这句话时曾指出，这是一种世界观没错，但不适合当作普遍性的原则（《教育困难的孩子们》）。这句话是英国政治学家托马斯·霍布斯在《利维坦》（Leviathan）中所说的名言。他认为人有自我保存欲，会一边压迫别人，一边追求自己的权利与幸福。霍布斯把这种情况称作"自然状态"。只要看过本书前面对阿德勒思想的描述就一定知道，阿德勒不认同这样的世界观。我们不能压迫他人，只让自己获得幸福。必须与他人合作，对他人作出贡献。

人只要处于竞争状态，就无法合作与作出贡献。每次只要看到共同体感觉，就会让人去思考理想主义的本质。竞争虽然在日常生活中随处可见，但我们不能毫无条件地肯定它的存在。

从以力服人到对话

假设人与人的关系应该是对等而非竞争，与他人合作是应有的态度的话，那么即使双方的想法不同，我们也不需要通过力量来强迫别人接受自己的想法。

在大阪大学开设的"为了和平的密集课程"中，时任大阪女学院的奥本京子副教授曾对课堂上的人说："你们两两一组，其中一人单手紧握拳头，另外一个人试着把他的手打开。"这时，教室里传来一阵骚动。过一会后，奥本说："刚才有人开口对另一人说'请把手打开'吗？"

奥本说："为什么我们总是要用蛮力去解决事情呢？想要通过和平的手段解决纷争，我们需要的是对话，以及对于他人周遭以及他人自身的想象力与创造力。"（《朝日新闻》2003年5月23日）

如同这个故事告诉我们的，很多人可能想都没想过可以靠对话解决问题。即使不是使用物理性的力量，也可能会有斥责等情绪性的表露，试图借此压倒对方。用这种方式解决问题，确实是简单又有即效性。但是，这只是暂时性的解决，我们在日常生活中经常看到类似的场面。相较之下，通过对话解决问题，既耗时又费力，但若不使用语言解决，问题通常只会变得更严重。

这不仅是个人与个人之间的问题。国家与国家之间也可能会发生一样的问题。前面提到，阿德勒目睹了第一次世界大战的现实惨状，即使如此他也没有肯定人的攻击本能。肯定这样的本能，就代表否定了人可以努力地不通过武力，或牺牲生命解决问题的可能性，也否定了人可以锲而不舍地通过语言调整差异的可能性。

在受父母虐待的环境中长大的人，只要他憎恨父母，照理说应该不会对自己的子女做同样的事。不过有些人无论受到父母怎样残酷的对待，也会认为父母其实是深爱着自己。这样的人，等到自己成为父母后，仍会对孩子做出他父母对他做的事情。因为他确信，如果他这么做还可以爱着孩子的话，那就表示他的父母也是爱着自己。于是，虐待就产生了连锁效应。

并不是说，我们不可以有不同的想法。相反地，有不同的想法才是正常的。问题是，要用什么方法调整想法的差异。光是喊出反对战争的口号还不够。一边喊着反对战争，但另一方面却用情绪性的字眼责骂孩子，如果这些事情我们仍在日常生活中时常见到的话，那么我们的下一代势必会重复犯下同样的过错。

第九章

怎么好好地过完这一生
——永不放弃的勇气

人生并不是什么事情都有意义

我实在很难想象人生中发生的任何事情都有意义。没有犯任何错的人只是碰巧在某个现场，结果却被暴徒杀死了，或是年纪轻轻就卧病在床等，这些事情本身到底有什么意义？实在让人难以想象。因为实在太过不合理了。

当然，这样的不幸或疾病绝对不是神为了惩罚人引起的，也不是前世的因缘造成的。那么为什么会发生这样的事情呢，没有人知道。我们完全无法防止不合理而且悲惨的事件发生。但是，我们拥有超越苦难和不幸的力量与勇气。我们可以从那些不屈服于降临在自己身上的命运，勇敢活下去的人身上学到很多东西。

1937年，阿德勒毅然决然地进行一趟演讲行程十分密集的欧洲之旅。当时，他的大女儿瓦伦婷和她的丈夫一起住在莫斯科。阿德勒写信给她，但信却被原封不动地退回来。由于演讲行程过密，再加上瓦伦婷的失踪让他十分心痛，使得他每天都担心得睡不着觉。毋庸置疑，这件事情带给阿德勒致命的打击，导致他提早离开人世。至于瓦伦婷的下落，则是在阿德勒死后，通过爱因斯坦居中协调才得知真相。瓦伦婷在1937年1月被斯大林的秘密警察逮捕，1942年前后在西伯利亚的俘虏收容所中死亡。

假如所有事件的发生都有意义的话，我们就可以直接肯定现在这个世界。但事实上不是如此，这个世界充满了各种邪恶与不法。若是自然灾害，我们很难阻止它发生；但若是人为的，我们可以改变它。

想要发挥超越人生苦难的力量，光是询问为什么会发生这样的事，向过去追究原因是不够的。我们必须思考，接下来应该要做什么？我能做什么？再怎么认为自己无能为力，也要努力去做，什么都不做就等于肯定眼前发生的事件。即使你认为眼前发生的事情和自己没有直接关系，也要想想看有没有我能做的事。

与其直接肯定人生发生的所有事情都有意义，不如想办法超越不合理，努力把人生变得有意义，这才是有意义的人生。

超越现实

想要改变现在的生活状态，必须要超越现实。这并非意味着现在的生活状态不好，而是当我们想知道要怎么做才能过得更好时，就必须朝向位于现实生活彼方的理想才行。也就是说，不要认为现在的生活状态就是一切，再怎么努力都无法改变，千万不要有这种想法。

事实上，有很多现实的生活状态确实很难让人肯定它、觉得它是正确的。比如说，我们不能因为肚子饿，就无限量地一直吃。更别说生病的时候，我们的食量更要受到限制。所谓的"善"，前面说过，就是对自己而言"有好处"的意思，每个人都希望拥有对自己有好处的事物，但什么是善，每个人的想法不尽相同。有时候，我们希望的善可能是在离现实最遥远的地方。很少有人的理想与现实一致。我们在思考怎么活下去的时候，需要的不是追认现实，而是可以超越现实的努力，无论现实的状态如何，都要追求理想。

前面我们提过，事情发生后再解释的方式，称作"事后理论"。采用阿德勒的目的论看这个世界，你会有一种豁然开朗的感觉。用情绪性字眼责骂孩子的父母，可以找出很多理由说明他为什么会这么做。他们有一个最原始的目的在前面，也就是希望通过责骂，让孩子照他们的意思行动，至于责骂的理由到时再找就好，什么都可以。

国家和国家发生战争时，都会找一个冠冕堂皇的理由。假使有人大大咧咧地说，我希望通过战争获得经济利益，我想大概就没有人会支持战争吧。但若说是为了正义或国家利益而战时，就会有人支持战争。事实是，主事者先有一个发动战争的原始目的，之后再想办法把它正当化。也就是说，主事者已经决定要发动战争，之后才搬出一个冠冕堂皇的理由。战争到底是善（有好处）是恶？除了战争以外没有其他解决问题的方法吗？还是说，通过战争更无法解决问题等，其实这些问题都有检讨的必要。但事后理论不问发动战争本身的是非，对已决定的事情不作批判，反而在事后找理由替它正当化。

心理学也是一样，光只有事后追认现状，没有改变现实的力量，一味地把目光朝向过去，分析当下的症状，这样的心理学也不会有解决问题的力量。阿德勒并非完全对过去不闻不问。他在做心理咨询的时候，会询问患者的过去，但他的目的不是把过去发生的事件当成现在的问题发生的原因。因为，即使这么做，过去也不可能再重来。但是，为了让当事人知道，无论是过去或现在，换了一个人，仍会做出同样的事情时，这时候确实有必要询问对方过去的事，目的是让患者意识到过去从未意识到的事。如同尼采说的："原来这就是人生啊，好！既然如此，那我这次要不一样。"（尼采《查拉图斯特拉如是说》）这么一来，当事人往后的人生将会焕然一新。心理咨询时的洞察，通常都是通过这样的形式发生。过去并非毫无用处。正因为有过去悔恨莫及的痛苦经验，才有可能获得这样的洞察。但我们的重心不是放在过去，而是未来。无论过去或眼下面临什么样的问题，接下来要怎么做，或能做些什么，这才是我们应该要思考的事。

合乎现实地活下去

另一方面，除了超越现实，也要注意不要失去与现实的联结。

阿德勒使用"unsachlich"这个词，对于与人生失去关联，或与现实失去接触的生活方式表达关心（《性格心理学》）。"unsachlich"就是不遵循事实或现实的意思。相反地，sachlich就是遵循事实或现实。

失去与现实联结的例子之一，就是一直在意别人对自己是怎么想的。当人一直担心他人对自己的印象，担心他人对自己的想法，就会变得"unsachlich"，与人生失去关联。

"比起实际上如何，更在意别人觉得如何的话，很容易与现实失去接触。"（《性格心理学》）

失去与现实联结的第二个例子就是，只看自己或他人的理想之处，而不看现实的自己与他人。这个意思不是说理想不重要，正好相反，理想很重要，只是它的立足点必须从现实出发。维持自己现在的状态好吗？可以说好，也可以说不好。先从"好"的评价开始说，以他人的立场来看，比如说父母对孩子说，维持现在的你就好。孩子不管是生病，或是作出让父母伤脑筋的问题行为，都与父母的理想相差甚远，但孩子依旧是孩子。即使他因赖床而上课迟到，父母可能会觉得，至少他不是躺在床上身体渐渐变得冰冷就好。只要他有起床，父母就会觉得高兴了吧。赋予勇气不一定只能在行为层面上，在存在层面上也办得到。只要他存在，父母就能赋予他勇气。从这一点出发的话，不管孩子做什么事，父母都能赋予孩子勇气。

对于自己也一样，我只要保持现在的我就好。因为我活着不是为了满足他人的期待。前面我们看过连恩说的"属性赋予"，有些人当别人对他说"你是这样的人"时，他会像遵奉命令般接受它。但比较正确的观念应该是"不管别人怎么说，我就是我"。

除此之外，回过头来看自己也是，即使我不做什么特别的事，也能对他人有贡献。对孩子来说，这样的想法很难想象，但对父母来说，孩子只要维持目前的状态就是一种贡献了。即使如此，还是有人认为，自己对他人一点用处也没有，他认为假使自己不存在，大家就能活得更快乐、更和谐。但事实并非如此。

所谓维持目前的状态，并不是要大家什么事都不用做。

有些人会觉得自己什么都不用做，因为别人都会帮自己做好，这个想法是错误的。对于这样的人，"维持现状就能产生贡献"的想法，就不适用于他。

这样的人必须先脱离自我中心主义，不能只是接受给予，也要对他人作出贡献。但如同前面说过，这个意思不是叫大家一定要做什么特别的事才行。

作为失去与现实的联结的第三个例子就是，一定要等到某件事实现时，才觉得自己的人生终于开始了，有这种想法的人，无法感受到"我活在此时此刻"的感觉，并失去与现实的联结。这种想法其实就是精神官能症的逻辑，也就是老是在心中想"如果……的话"，永远想跟未来的可能性赌一把。而目的论则是以"善"作为志向建立某个目标，但这个目标并非一定要在未来把它实现不可。

除此之外，拖延不解决也是一大问题。面对人生问题，害怕失败的人不敢勇于挑战问题，反而希望"原地踏步（让时间停下来）"（《人为何会罹患精神官能症》）。

若老是在意别人怎么想，一直配合别人的想法，不仅自己的人生会失去方向，还会让别人产生不信任感。因为他可以同时接受完全不相容的想法，当他同时向两方观念不同的人宣誓忠诚，很可能有朝一日会被识破。

不管现实状况如何，我们都要面向未来，不失去理想，同时活在此时此刻。未来会发生什么事，我们无从得知。但不要为了不知道而感到苦恼。为了使理想成为可能，我们不能被眼前的事情给困住，应该把日光放在目标和理想上。现在面临的困难，并非一定要全部解决才能往前迈进。当我们深陷困难之中无法自拔时，确实很难想到这一层道理。所以我们应把理想当作"引导之星"（《自卑与超越》），只要把目光朝向它，我们就不会迷路。如果没有看着它，我们就会被眼前的事情困住，时喜时忧，用一刹那的方式生活。若没有看着理想，"此时此刻"的生活方式不过是刹那主义而已。只要我们常盯着理想看，会发现许多可以帮助我们达成理想的目标慢慢地纳入我们的视野，因此只要我们一发现某个目标对达成理想有帮助时，我们就懂得中途转换方向。

乐观主义、乐天主义、悲观主义

我们可以用乐观主义来形容阿德勒面对人生的态度。有些小孩子非常乐观，相信自己可以圆满地解决自己所面临的问题，阿德勒说这样的孩子，可以让自己内心中"相信自己可以解决问题的那部分性格与特性更加发达"，什么样的性格特性？比如说"勇气、直率、信赖、勤劳"等。

当然，任何人都不可能一直一帆风顺，有时候还是会遭遇到无法解决问题的时候。但是，阿德勒站在乐观主义的立场想强调的观念是：我们不应该还没有试着解决问题就放弃，或找了许多借口让我们不去面对问题。

这样的乐观主义，和不管遇到任何困难都觉得船到桥头自然直的乐天主义，或是正面思考不一样。乐天主义者面对任何事情都觉得不要紧，相信事情不会变坏，即使变坏了，到最后"总有办法解决"，但实际上却没有积极作为。而乐观主义者会从自己做得到的部分，想办法"做些什么"。不要钻牛角尖，这很重要没错，但乐天主义者之中，有些人"对人生的理解太过天真，天真到连面对应该认真严肃处理的状况也乐观以对"（《心智的心理学》）。

相信自己无法解决问题的孩子，会强化自己"悲观主义"的性格特性。我们可以从这样的孩子身上看出"胆小、小心、封闭自我、不信任他人的特性，其中个性比较懦弱的孩子，会展现出很保护自己的性格特性"（《心智的心理学》）。这样的孩子，如果是阿德勒说的"奋斗的悲观主义者"那还好，最糟糕的是认为自己什么也做不了，陷入"自暴自弃"的状态，逃离人生的前线，远离应面对的问题，逃避一切。这样的人会认为自己做什么都无法改变，所以什么也不去做。

我们面临的问题最终都有办法解决吗？不知道。虽然不知道，但如果像悲观主义那样，什么都不做，问题必然无法解决。若像乐天主义者那样，认为船到桥头自然直，但自己却什么都不做，问题也无法获得解决。

运动与活动

　　亚里士多德对于运动和活动，做了以下的对照（亚里士多德《形而上学》）。一般的运动有起点和终点。对于这种运动，我们会希望它能快速且有效地达成。比如说，我们在上班或上学时，会希望尽早抵达上班地点或学校。在此种状况下，到达目的地以前的运动，因为未抵达目的地，所以都被视为未完成或说是不完全的移动。这种运动的重点不在于"逐渐完成了多少"，而是用多少时间"完成了"多少事情。

　　相较之下，活动就是"逐渐完成了多少"，不管它进度有多少，都是"完成了"。活动的动作经常保持在完整的状态，它不问"从哪里到哪里"，不问有没有效率，非得"一定在某个期限内"完成不可。比如说跳舞，跳舞的动作本身就有意义，没有人会去追问跳舞的人打算要移动到哪里。至于跳舞结束时，跳舞的人可能会抵达某个地点，但没有人会为了抵达某个地点而跳舞。旅行也可以用来作为活动的例子。旅行的人不会用最有效率的方式抵达最终目的地，这样就没有意义了。抵达目的地之前，他就已经在旅行了，抵达目的地并非旅行的目的。旅行是从离开家中的瞬间开始，之后每一分每一秒他都是在旅行。在旅行的过程中，时间的流动方式会和平时的日常生活完全不一样。有效率地旅行就失去旅行的意义了。

那么，活着这件事到底应该看作是运动还是活动呢？若被问到："你觉得你现在走到人生的哪个阶段？"大部分的人都会把人生想象成直线，年轻人会指着这条线的前半靠近起点的地方，年老的人会指着这条线的后半靠近终点的地方。这种回答方式的前提就是，把人生看作直线，这条直线从诞生开始，到死亡结束。可能也有人会说，我的人生离一半（中间点）还很遥远，事实上如何，没有人知道。因为，这个回答是以他的人生还很长为前提，实际上他人生的中间点搞不好很早就过去了。真相如何，只能等日后才能见分晓。

到底人生可否用这种空间式的表象，用从诞生开始、死亡终结这种线形的方式去想象它，没有人可以证明。应该说，不要用这种方式想象，或许比较接近人生的真实。活着这件事到底是运动还是活动，亚里士多德说应该是活动。因为即使没有抵达目的地，我们仍时时刻刻"活在当下"。

能够做到这样，即使哪天我们的人生突然结束，也不会有壮志未酬身先死的想法。

1937 年 5 月 28 日，阿德勒在六十七岁时骤逝。他那时人在苏格兰的亚伯丁。他在亚伯丁大学进行连续四天的演讲。演讲圆满地结束了。隔天早上，他一个人吃完早餐，预计要前往下一个演讲的地方之前，走出饭店正打算去散散步时，忽然昏厥。此时，一名正要去上班的年轻女性正巧看到这一幕。她说，阿德勒当时像运动选手一般，迈开大步向前走，但突然就跌倒了。

听过阿德勒演讲的神学院学生认出倒地的人是阿德勒，立刻为他做急救处置，他松开阿德勒的领带时，听到阿德勒喃喃地说"科特"。那是他儿子的名字。那位学生对他做心脏按摩，但阿德勒的意识没有恢复。救护车赶到，救护员把他抬上担架时，在场的人看见阿德勒有意识地调整自己的姿势，让救护员比较容易搬运他的身体。阿德勒在救护车赶到医院前失去了生命体征，死因为心肌梗塞。

阿德勒应该没想过自己的死会来得这么突然吧。没有人知道明天会发生什么事。即使如此，生活不会等到明天，当下就必须完成。

关于死亡

阿德勒下定决心成为医师的来龙去脉，我们在本书前面已经说过了。接下来我想探讨的是，阿德勒一向很关心死亡的议题，他在人生的最后一刻，究竟会持有什么样的想法？

人为了逃避死亡的恐惧，最常做的就是将死亡无效化。也就是说，相信人其实"不会死"，然后意图使别人相信自己"还没死"。有人相信人死后会变成与活着时不同的生存形态，也就是说他们相信人死后并非化为虚无，而是通过某种形式存在（比如说，变成风）。但也有人相信，人死后和活着的时候没两样，生者可以通过灵媒的力量与死者交谈。

精神科医师伊丽莎白·库伯勒-罗斯（Elisabeth Kübler-Ross）说："死亡不过是从这段人生转移到别的存在的过渡而已。"（伊丽莎白·库伯勒-罗斯&大卫·凯斯乐《当绿叶缓缓落下》）这是她晚年对于死亡的想法，她认为死亡不过是"转移"而已。伊丽莎白·库伯勒-罗斯在2004年8月24日去世。大卫·凯斯乐（David Kessler）说，伊丽莎白·库伯勒-罗斯在临终之前，视她为偶像的人们，或许正满心期盼，相信待会一定会发生令人觉得不可思议的现象（《当绿叶缓缓落下》）。当然，最后什么事也没有发生。这让我想起陀思妥耶夫斯基的《卡拉马佐夫兄弟》中，佐西马长老去世时，大家都期待会有奇迹发生，但事实上他却比一般人还更快散发出腐臭的味道。

即使奇迹没有出现，还是有很多人对于死后的世界非常期待。假如死后还有另一个世界，这样我们的死就不算真正的死亡不是吗？这种对于死亡无效化的想法无法说服我。若是将死之人，或者所爱之人比自己先一步离开人世，希望有死后的世界，这我还能理解。只有相信人死后并非化为虚无，人才能克服死亡的恐惧，疗愈尚在人世的人们的悲伤。

我母亲年纪轻轻就去世，她的　生几乎可以说都奉献给孩子，正当她要开始享受人生时却去世了。我曾想过，母亲这样的人生，究竟得到什么回报？瑞士的哲学家卡尔·希尔逊说："在人世间还没受尽应得的处罚是怎么一回事？就我们的见解来说，这正好证明了我们的推论，也就是这一世的账还没算清楚，死后必然还有另外的生活存在。"（希尔逊《不眠之夜》）

相信死后还有另一个世界并没有错，甚至我认为如果真的是这样那就再好不过了。但就我自身来说，我认为用"恶人未在这一世受罚，善人未在这一世得到回报，所以来世存在"这种无法被证明的想法，很难用来作为来世存在的证据。我很难对这样的想法怀抱期望。

克服死亡的恐惧

死亡并非特别的、和生命势不两立的存在，它是生命的一部分。库伯勒-罗斯提出的临终前的五个阶段非常有名（否认，denial；愤怒，anger；讨价还价，bargaining；沮丧，depression；接受，acceptance）。库伯勒-罗斯说："知道'临终前五阶段'并不是最重要的。生命的丧失也不是最重要的，最重要的是活出生命。"（《当绿叶缓缓落下》）

把死亡当作生命的一部分，这样的想法和前面说的把死亡无效化的想法不同。因为我们对死亡并不了解，但在死之前，也就是迎接死亡的准备是我们不能逃避的人生问题。我们应该要怎么面对死亡？即使事态非常严重，人面对死亡和面对其他的人生问题时，基本上态度应该是一样的，不应该把迎接死亡视为特别的问题，用迥异于面对其他人生问题时不同的态度面对。

其次，不管死亡为何物，人都可以在当下活出幸福。当死亡接近时，若觉得自己必须大幅改变原有的生活方式，应该是因为你自己过去的生活方式有问题。因此，比较好的生活方式，应该是不抱着可以得到称赞的期望，也就不用像希尔逊说的，希望来生再得到回报。

写到这里，我脑中浮现的是苏格拉底所说的，关于死亡，我们会觉得恐怖，是因为我们不知道死亡为何物，却假装知道（柏拉图《苏格拉底的申辩》）。死亡是不是所有善中最极致的？我们不知道，但至少我们无法完全排除它是善的可能性。

尼采的《查拉图斯特拉如是说》这个故事是从"享受十年孤独，从不感疲倦"的查拉图斯特拉从山上走下来开始。某天，他为了找寻泉水，来到一片绿油油的草地。在那里，有一群少女手牵手跳舞。少女们看到他，停止了跳舞。但查拉图斯特拉带着友好的态度靠近她们说："可爱的少女啊，请继续跳。来到你们这里的人，并非带着恶意的游戏妨碍者，他不是少女们的敌人……我知道了，我是浓密树丛的黑暗。但，不害怕我黑暗的人，应该可以看出柏木树丛下那片开满玫瑰的斜坡吧。"（《查拉图斯特拉如是说》）

这里所说的"浓密树丛的黑暗"是死亡的比喻。只要我们还活着就绝对无法体验死亡。或许有人曾有过濒死体验，但绝对没有人有过死亡体验。没有人知道死亡究竟是怎么一回事，我们既有的知识也无法对死亡做清楚的说明。因此死亡是黑暗，虽然它是黑暗，但不一定是"敌人"。哲学家田中美知太郎引用《查拉图斯特拉如是说》这一段文字之后接着说："唯有死亡的自觉才是生命之爱。"（田中美知太郎《希腊人的智慧》）意思是，唯有不闪躲、直视死亡，我们才可能热爱生命。这样的死亡不一定会令人感到恐惧。如同前面介绍过的，在人际关系中我们不可以把他人当作敌人，通过八木诚一的"弗朗特"结构理论，我认为，他人的死亡可以使我变得更完整，这是我现在对死亡的看法。

虽然可以用这样的想法看待死亡，但回过头来想，用否定的态度来看待我们在人生终点必定要承受的死亡，这背后是不是有什么目的？我把这种看法称作面向未来的原因论。前面说过的，有人会把过去发生的事情当作当下状态的原因；同样地，也有人会把未来可能会发生的事情当作当下，或是当作从今以后的生存状态的原因，这么一来，当下的生存状态就被限制住了。当下的生存状态一旦被决定，这个把未来纳入射程范围的原因论，会让我们在面对困难的问题时，不愿付出更多的努力来解决问题（正确来说应该是，相信自己可以躲开这样的努力），反而会说服自己是个不幸的

234

人，或者现在虽然过得幸福，但通过这样的想法减轻将来失去时可能受到的冲击。由于它背后有这样的目的，所以这种"面向未来的原因论"，也算是一种目的论。

人为什么会害怕年岁增长、疾病与死亡呢？阿德勒认为在思考这个问题时，必须和思考其他所有问题一样，先找出恐惧的目标。换句话说，人在面临怎样的难题时，会用这些恐惧当作逃避的借口？若可以改变想法，认为人生的问题都可以解决的话，年岁增长、疾病、死亡就变得不恐怖了，这时我们才能真正看见死亡固有的问题。为了回避解决某种问题而害怕死亡，并不是死亡固有的问题。

死亡究竟为何物，我们不知道，但通常生病的时候我们会去思考它。以前我曾经想过，所谓的不死，若是指人生这条河川最后与大海融为一体，也就是我的个性消失了，这样的结果和死亡不是一样吗？宇多田光在《Deep River》中唱道，我们最后都会抵达海洋，不用害怕。以前，我不能认同这个观念。我想象的是个人性的死亡。人格是使我成为"我"的背后推手。也就是说，我之所以能够认为十年前的我和现在的我是同一个人，是通过人格的帮助，而保证了这样的连续性。我希望我死后无论是通过哪种形式，都可以保存我的人格。

但是，我后来慢慢觉得，即使死亡之后，人格和个性会与某个更大的存在融为一体，甚至死亡之后什么都没有，这样的想法其实也没什么不好。其中一个原因是，即使是现在活着的时候，我这个人格，都不能光靠我自己得到完整。这样的生存状态，死后会怎么样不知道，即使是现在，我们都没有真正拥有一个能与他人切割开来的"个性"。

另一个原因是，前面已提过多次的，阿德勒指出的执着于"我"会产生的问题。只要不把"我"会变得怎么样这件事作为第一优先考量的话，我就不会害怕"我"的消失。就像很多人常说的，即使我被人遗忘也没关系。我本身当然希望我们可以不要忘记死去的人，但不能期待他人也会这么想。

阿德勒说："（人生）最后的试验就是害怕年岁增长与死亡。如果通过养育孩子，或是意识到自己对文化作出贡献，就能确信自己不会消失，就不会害怕年岁增长或死亡。"（《自卑与超越》）

为了克服自卑感，人必须感觉到自己对他人有贡献。阿德勒曾在别的地方提到，人的一生时间有限，死亡最后必定到来，只要是对全体人类的幸福作出贡献的人，就能得到永远存在于共同体之中不会消失的保证，例如养育孩子以及工作。

我是不是不会消失，这件事并不那么重要。每个人都可以通过不同的形式——不管是通过养育孩子或是好好地把工作做好——为这个世界留下了什么，就等于为后世的人作出贡献。

好好地活着

结果，我们依然不知死亡为何物，也不知道我们可以活多久。既然这些事自己无法决定，那么烦恼它就没有意义。就像阿德勒所说的，很多人光是要活着就得费尽心力，光是要好好活着就非常困难（《心智的心理学》）。既然如此，那就不要去想未来要是发生什么事情自己是否能获救，或是想要活得长寿，而是在生命之中，运用被给予的事物，努力地做自己可以做的事情就好了。阿德勒也说："重要的不是你被给予了什么，而是你如何使用这些被给予的事物。"（《人为何会罹患精神官能症》）这句话几乎可以套用在我们生命中遇到的所有问题。

我想起苏格拉底曾说过以下这段话。不要去想自己还能活多久，不要执着生命，"相信某些女性常说的，把这些问题交给神，被决定好的命运没有一个人能幸免。把心思放在下面这件事：我们应该怎么做，才能将未来可能剩下的时间做最好的运用，好好活下去。"（柏拉图《高尔吉亚篇》）

这个意思不是说，要大家利用专注于好好活下去这件事，借此逃避思考死亡这件事。比方说，恋爱关系十分充实的人，绝对不会去想："这段恋情是否能持续？"不会去担心未来的发展。反过来说，若恋人的关系充实到可以毫不考虑未来的发展，那么这段恋爱就能有所成。当两个人的关系不充实，就会一直对未来的发展担忧。

人生也是一样不是吗？只要一心一意地好好活着，就不会去担心未来的事。或者说越来越没有必要担心。反过来说，一直担心死后会如何如何，通常是因为现在活得不好。

苏格拉底说的："我们应该怎么做，才能将未来可能剩下的时间做最好的运用，好好活下去。"这句话和苏格拉底的另一句话相呼应："重要的不是活着，而是好好地活着。"（柏拉图《克里托篇》）

阿德勒也说："人生有限，但对于活得有价值而言，已经十分长了。"（《儿童教育心理学》）

前面说过，阿德勒曾说："会让我觉得自己有价值的，只有一种情况，那就是我的行动是对共同体有益的时候。"这里说的"有益"和我们说好好地活着时的"好"同义。这是阿德勒替苏格拉底说的"要的不是活着，而是好好地活着"这句话补充的具体内容。

即使你不去思考怎么好好地活，只思考年老、生病、死亡这些事情，最终还是得面对生命中的问题。

活着的喜悦

阿德勒常常使用"活着的喜悦"这样的说法。活着很辛苦没错，但不一定要活得很深刻才能对活着感到喜悦。即使人生无法经常感到舒服畅快也可以感到喜悦。"活动着"（energeia）的生命，会珍惜每一瞬间，但也用不着每分每秒都活在紧张感中。

某天，我在医院等候看诊时，忽然发现一个理所当然的事实：只有死亡这件事，从来没有人体验过。过去从未有过长生不死的人，现在活着的人都会死，只是时间早晚。我忽然发现，面对这个事实，或许需要一些勇气，但反而能让我带点兴奋期待的心情面对死亡，这样也没什么不好。

前面有提到，乐天主义和悲观主义都不如乐观主义来得好。乐观主义的态度，是虽然还不知道是否船到桥头自然直，但不要去想绝对不可能，要先做能做的，从办得到的地方开始着手，努力去解决问题。

随时做好准备

如同前面说过的，生病、死亡总是突如其来地出现。虽然它出现得很突然，但我们并非什么事都不能做。

美国小说家保罗·奥斯特（Paul Auster）八岁的时候第一次去看美国职业棒球大联盟的比赛。比赛结束后，他遇到纽约巨人队的威利·梅斯（Willie Mays）。梅斯已经换下制服，穿着平时的衣服，就站在奥斯特前面。奥斯特鼓起他所有的勇气对梅斯说："可以请你帮我签个名吗？""哦，好啊。"梅斯说："小朋友，有没有带铅笔？"奥斯特没有带铅笔，他的父亲以及在场的大人都没有人带铅笔。梅斯耸耸肩说："抱歉了。"然后离开球场，消失在黑夜之中。

自从那天晚上以后，奥斯特无论去哪里都会带着铅笔。他带着铅笔并没有什么特别的目的，"只是，我不想再怠惰于准备了。吃过一次没带铅笔的苦头后，我再也不想有第二次了。"（奥斯特《真实故事》）

"其他的事情我或许没学好，但在经年累月的岁月中，我却学到了一件事。那就是，因为我口袋有铅笔，所以我一直觉得我总有一天会用到它。我都跟我的孩子这样说，这是我变成作家的原因。"（《真实故事》）

很遗憾的是，即使我们尚未准备好，死亡也不会说声"抱歉了"便离开。因此，可以的话，不限于死亡，人生中的每件事我们最好都要先做好准备，以防遇到时措手不及。做准备并不是让人时时刻刻把心思放在死亡上面。而是做好准备，遇到好机会时，不要让它从自己手中溜走。任何事情对自己而言都是好机会，它什么时候会出现，并非由我们自己决定。

更进一步地说，当好机会来临时，我们到底有没有能力抓住它。就好像我们前面有一扇上锁的门，这扇门什么时候开启不是由我们决定，但至少我们可以靠近这扇门，离它更近一些。

双重性

所谓随时做好准备，并不是要大家"现在"只为了准备而活。任何事情，最后可能成功也可能失败。我们都希望事情可以成功，但即使没有成功，之前的努力与所花费的时间难道都白费了吗？当然不是。作出成果很重要，但任何事情都不是只要作出成果就可以了。我们可以享受作出成果前的过程，事实上我们真的可以乐在其中。

没做好准备的话，确实会让人错失许多好机会。这些好机会不一定是很重大的事。但只要不怠惰于准备，集中精神在当下，你就有可能从平时不以为意、日常生活中的琐碎事情中，发现人生的重大转机。

就像马丁·路德说的："即使明天就是世界末日，我还是会继续种苹果树。"专心把眼前的事做好就好，把时间视作永恒。若认为时间有限，就会开始担心现在正在做的事情是不是能做完。阿德勒说："已经拥有足够的自信，敢与人生的问题一决胜负的人，内心不会感到焦躁。"（《自卑与超越》）

反过来说，没有自信的人会感到焦虑，问他们为什么要焦躁，他们的理由是因为时间有限。

因此，最好的生活方式，应该是看向未来但同时又专心在当下这种双重的生活方式。也就是说，无论现实状况如何，都不会失去理想，同时又很重视当下的生活。不去烦恼未来、不去烦恼未知的事，可以让我们不丢失现在的幸福，但若没有目标和理想，我们又会被眼前的事情给困住。大家是不是都有过这样的经验？眼前面临的困难占据了我们所有的心思，仿佛不解决这个问题，人生似乎就无法往前迈出一步，但若把时间拉长回头来看，会觉得这个问题确实是人生中非常重大的事件，但它并不是致命的，既然如此，为何当时自己要这么烦恼呢？我们前面说过，理想就是"引导之星"（《自卑与超越》），只要把目光对准它，就不会感到迷惑。如果这个目标没有纳入我们的眼界内，我们就容易被眼前的事物困住，然后用心情大起大落这种一刹那的生活方式过活。

只要目标明确，即使已经下定决心开始做的事情因为某种原因无法持续做下去，也能明白过去所作的努力，都是为了达成目标的手段，因此做得不顺利、碰壁了，也不必固执，转而做别的事情就好。如果认为决定的事情最后一定要成功，这样的固执有可能到最后只是徒劳无功。只要内心清楚明白，自己决定要做的事情并不是终极目标，这样你就有勇气改变决心。

改善这个世界

人的终极目标是什么？简单地说就是"幸福"。所有事情

242

都是为了达成这个目标的手段。本书从一开始到现在说了这么多，最想阐明的一件事就是：想要变得幸福，光只有追求个人的幸福是不够的。

内村鉴三在提到天文学家赫雪尔时说："我们在死之前，都希望多多少少把这个世界变得更好一些之后再死掉，不是吗？"（内村鉴三《留给后世的最大遗物》）

这个世界并不完美。我们的人生也并非总是快乐。虽然我认为人生不至于完全是苦的，但随着年岁增长，身体会衰败、会生病。如果是一个人远离人烟独自居住的话则另当别论，但只要跟人来往，就无法避免发生人际关系的纠纷。

即使如此，我们还是可以享受活着这件事。阿德勒常用一句话形容："在这个地球上放松休息。"

"能够在这个地球上放松休息的人都十分确信，人生中不光只有舒适愉快的事情，连不愉快的事情都是属于自己的。"

要注意的是，阿德勒说不愉快的事情也是属于自己的，指的不仅仅是个人，还包括这个世界所有不合理的事情也都要放在心上，这些事情并非和自己无关。

"没错，这个世界存在着邪恶、困难、偏见，但它的优点和缺点都是属于我们的。"（《儿童教育心理学》）

阿德勒说，若你能注意到这个世界存在着邪恶与困难，并在这个有优点也有缺点的世界中，用适当的方法，毫不退

缩地面对自己的问题，"在改善这个世界这件事上，你已经发挥了自己的作用了。"（《儿童教育心理学》）

不要什么都不做地袖手旁观，而是发挥自己的作用。能做到这一点，就如同我们前面所说的，你已经等同于作出贡献，这么一来，即使这个世界存在着邪恶与不合理的事情，你也可以在这个世界中找到自己的容身之处。

但是，对于那些把人生和面临的问题视为畏途的孩子，阿德勒是这么说的："这些孩子，总是把人生和面临的问题视为畏途，所以不难理解他们为什么总是避免让自己受到损害，一心只想保护自己的地盘，总是用猜疑的眼光看待周遭的人。过度注意这些事情已经成为他们很大的负担，因此对他们来说，与其用不周全的方法去处理，最后迎来失败，不如先从中找出巨大的困难与危险，借此逃避问题。这样的倾向会越来越被强化。"（《心智的心理学》）

他们不是因为有困难所以逃避问题，而是害怕失败所以选择逃避问题。他们会从人生以及面临的问题中找出巨大的困难与危险，借此作为逃避问题的理由。

"这些孩子的共同特征就是共同体感觉实在太不发达，许多显著的征兆都显示出，他们非常关心自己，远多于关心别人。一般来说，这样的人的世界观都会带着悲观的倾向。如果没有人帮他们从这种错误的生活形态中脱离出来，他们就会活得不快乐。"（《心智的心理学》）

不是每个人都会活得不快乐。那些只考虑自己、对这个世界感到悲观的人会过得不快乐。如果能换个想法，不只关心自己，也关心别人的话，在解决问题的时候，就不会增加自己痛苦的感觉了。如前面所说的，这样的人会勇于面对问题，不是只为了自己，而是希望通过这么做，改善这个世界，发挥自己的作用。

跨越的勇气

以上，我们对于如何鼓起勇气好好地过完这一生做了许多探讨。的确，人生很苦，特别是对那些很认真活着的人来说更是苦。但人生对每个人一视同仁，不会仅仅只有苦。

不只是生病或死亡，包括人生所有的场合，我们都在对自己的人生赋予意义。这是阿德勒的基本思想。这种赋予意义的方式，就是每个人的生活形态。阿德勒认为，生活形态都是每个人自己做的选择，即使他本人没有认识到这一点。正因如此，我们才要选择不同的生活形态，也就是说每个人只要肯下定决心，就可以用与过往不同的方法对自己的人生赋予意义，这样我们的人生就有可能改变。

但是，即使改变赋予意义的方式，人生中还是不可避免会遇到痛苦的事情。就像年幼的孩子，遇到恐怖的事情会赶紧闭上眼睛，不愿面对现实，但现实状况依旧不会有任何改变。每个人都会衰老、生病，最后都得面对死亡。就算你认为这些事情没什么特别的（有些人会这么想），只要想想没有人可以孤立地生活，必须与他人往来，产生关系，光是这一点就会让人产生痛苦。但是这些事情真的很痛苦吗？老实说，不一定。因为不是每个人都会把这些事情当作痛苦的体验。

在本书中，我希望通过一些方法，可以让人在面对无法躲避的人生问题时，尽量不要产生多余的痛苦，例如前面提过的，死亡的无效化。但无论我们怎么做，都无法否定死亡的存在，而且死亡并非在人生的最后才会来临。大家有没有过这种经验：在半夜突然睁开眼，听到自己心脏快速跳动，觉得刚才的自己好像差点死掉。就像空气阻挡鸽子，但却不会妨碍鸽子飞翔，反而可以帮助它飞翔一样。痛苦的问题会产生，也可以成为我们好好活过这一生的动力。想要达到这种境界，我们需要永不放弃、奋勇飞跃的勇气。

对于自卑感，阿德勒说："这个充满痛苦不安的情绪，可以使我们在精神上，产生巨大的飞跃。"

想要使这件事成为可能，我们必须改变长年习惯的生活形态。无论你是从什么时候开始选择了目前的生活形态，也不管你有多长时间在没意识到自己生活形态的状态下生活，既然你"现在"已经了解了自己的生活形态，接下来要怎么做，如同前面说的，责任就落在你自己身上了。阿德勒说：

"想要改正他人（生活形态上）的错误，我们可以帮助他，说服他，但能不能够成功，只能交由他自己决定。"

也就是说，只要我们肯改正自己错误的生活方式，就可以如同前面说的，我们在改善世界这个层面上，就已发挥了自己的作用，为他人作出了贡献。

游戏人生

柏拉图晚年在对话录《法律篇》中曾写道："所谓正确的生活方式，就是一边快乐地游戏，一边生活。"这段话吸引了我的注意。当时我正为了生活汲汲营营，看到这一行字时，才发觉自己的生活状态离快乐的游戏有多么遥远。人生不要重复做同样的事情。游戏人生是在冒险没错，但是若时常待在不会失败的安全圈中，或不愿面对人生的问题，大概就无法获得活着的喜悦吧。

阿德勒经常使用"活着的喜悦"这个说法。活着很辛苦没错，但我们其实可以不用过得那么严肃，并感受活着的喜悦，即使人生不可能永远都有舒服愉快的事情等着我们。作为活动着的生命，就是要珍惜每一个瞬间。虽然要珍惜每一瞬间，但不用搞得紧张兮兮的，让人喘不过气来。

前面我们谈到活动着的生活方式时，用跳舞来比喻活着这件事。我们活在当下，但不需要把自己置身于令人喘不过气来的紧张状态中，而是打从心底享受人生。阿德勒也常

247

在著作中使用"活着的喜悦""充满喜悦的人生""活着的乐趣"等用语。用"游戏"这样的用词，对我这个凡事一丝不苟的人来说，确实会有些内疚的感觉，但我的意思不是要大家达成某个目标后才能快乐，反而是现在就应该快乐，更准确地说，只有现在才能快乐。

阿德勒的遗产

霍夫曼说，阿德勒创立的心理学全由阿德勒一人独挑大梁，在阿德勒去世后，它就逐渐衰退了（霍夫曼《阿德勒的生涯》）。但我认为未必如此。阿德勒如果还在世反而应该会说，不管是自己或是个体心理学，都被人遗忘了也无所谓。事实上，就连现在，阿德勒的名字都不如弗洛伊德或荣格响亮，知道的人并不多。

但是，与其说阿德勒被遗忘了，不如说是他的思想太过理所当然，所以大家不会去追究这些话究竟是谁说的，于是就越来越少人提到阿德勒的名字。

事实上，阿德勒的思想和他说的话，确实并不容易带给人特别的印象。阿德勒在某处演讲时，曾有听众对他说："你今天所说的内容不都是大家都知道的常理吗？"

阿德勒回答："所以，常理有什么不好呢？"

大众忽视阿德勒，但却又在不知不觉中成为"隐性阿德勒派"（Crypto-Adlerian）。连被告知一声都没有就被人剽窃那么多东西的人，除了阿德勒以外，几乎找不到第二个例子了（心理学家亨利·艾伦伯格《发现无意识》）。艾伦伯格用法文的谚语来形容阿德勒的学说是"公家采矿场"，每个人都可以若无其事地从里面挖出一些东西。阿德勒如果知道这件事，心里会作何感想？

前面说过，阿德勒把"对自我的执着"视为个体心理学的主要攻击点。假设阿德勒本身没有"对自我执着"，那么即使他说过的话没冠上他的名字，我想他也不会因此感到不愉快。

阿德勒在晚年把活动的"据点"转移到美国，受到大家疯狂的支持，但他非常不喜欢被别人说自己是弗洛伊德的弟子。我想他应该是想避免自己的学说也被看作类似弗洛伊德的学说而遭到误解吧。但只要自己的学说能够被正确理解，即使没冠上自己的名字，他一定不会拒绝与大家共享。不仅如此，阿德勒甚至说过下面这样的话：或许往后没有一个人会记得我的名字，或许甚至连阿德勒学派曾经存在的这件事都没有人记得。即使如此，也没关系。"因为，在心理学领域耕耘的所有人，他们的行动就好像跟着我们一起学习一样。"

如果是在这种状况下，即使阿德勒的名字不为人所知也没关系，因为阿德勒的遗产确实被继承下来了，对此，作为学习阿德勒心理学的一分子的我，感到非常骄傲。

但相对地，假如阿德勒仍在世，看到现在不管是教育、政治的现状，一定会对于这些现状感到悲伤。我在序章提过，阿德勒的思想领先时代一个世纪，他死后超过七十年的今天，我们仍可以从许多现实状况中看见，时代仍然追不上阿德勒。无论是共同体感觉或对等关系，这些观念到现在仍未形成一种"新的自明性"。阿德勒说的话，或许有些已经经不起时代的考验，但与其拘泥于阿德勒说过什么，不如学习阿德勒的理想目标，想想若他还活在这个时代会怎么说，然后继承阿德勒的遗产，把它流传下去。现在这种行动的必要性，比阿德勒在世的时代更急需、更迫切。

前面说过，阿德勒在第二次世界大战之前就过世了。许多阿德勒学派的信徒被送到集中营，这意味着阿德勒心理学曾一度在奥斯威辛消亡。一战后曾师事阿德勒，后来远渡美国的德瑞克斯，以芝加哥为中心，对普及阿德勒心理学作出相当的贡献。今天不只在美国，全世界都有人在实践阿德勒的心理学。在日本，精神科医师野田俊作于1982年前往芝加哥的阿尔弗雷德·阿德勒研究所留学，回国后于1984年设立"日本阿德勒心理学会"。阿德勒的思想正确实地被传承下去。

阿德勒在亚伯丁丢下我们突然辞世。在他生命的最后一刻，我想阿德勒想说的话，应该就是苏格拉底在与柏拉图的对话中说的这段话："假如大家照我的话去做，就不用管苏格拉底是谁，比起这个，不如多把心思放在真理上。如果你们认为我讲的是真理，就请同意我，如果不是，那就用尽各种议论反对我吧。"（柏拉图《斐多篇》）

后 记

有一句希腊谚语说："一只燕子造不了春天。"某天，父母下定决心，试着对孩子说"谢谢"，结果没想到真的换来孩子面露笑容的回应。父母才在心里想，什么嘛，原来那么简单。但下一刻，孩子又开始惹父母生气。刚才的幸福感顿时烟消云散，父母开始反省自己，怎么一不小心又变得跟以前一样了，原来阿德勒说的话这么难做到。这些日常的人际关系虽然不是人生中的大事件，但确实是人生的试炼。

阿德勒也说："心理学并非一朝一夕学得会的科学，除了学习还必须实践。"（《儿童教育心理学》）

的确，阿德勒的话很简单，又不难理解。无论古今，很多人都喜欢说一些没有内容、徒有美丽辞藻修饰的话，或者刻意把话说得深奥艰涩，难以理解。我没看过一个像阿德勒这样，用这么简单的语句说话的人。即使如此，如同本书介绍的，许多人抗拒接受阿德勒说的话。那些抗拒阿德勒的人，与其说他们对阿德勒的思想一知半解，不如说他们还蛮了解阿德勒的。因为，阿德勒的思想只是表面上看起来很简单。

拒绝接受阿德勒的话，不仅仅是因为它很难实践。和我过去专攻古代希腊哲学也有关，每次读阿德勒的著作时，我总是会把他与柏拉图对话录中的苏格拉底的形象重叠。有人是这么形容苏格拉底的："一开始明明是讲别的事情，但被苏格拉底的话引导，最后话题一定会落在那个人身上，像是现在用什么方式生活，过去用什么方式生活。除非苏格拉底对那个人说的话全都追问清楚了，否则绝不会放他走。"（柏拉图《拉凯斯篇》）

苏格拉底和阿德勒一样，都会询问我们的生活方式，并严格地追问清楚。他们绝对不会说"你只要保持现在这样就好了"这种好听的话，所以才会令人想捂住耳朵，逃离现场。

阿德勒在追问人过去的生活方式时，决不手软。但是如同本书阐明的，阿德勒强调，我们过去的人生对于我们未来打算如何生活丝毫没有任何影响。只要能这么想，我们就能鼓起勇气活下去。

希望本书可以成为一个契机，让看过的人不把现在生活困难的责任归咎于过去的经验或他人，而是鼓起勇气好好过完自己的一生。虽然里面夹杂了许多不容易理解的议论，但还是希望大家能锲而不舍地把它弄懂。

大家读完这本书后，再抬头看看周遭的世界，是不是变得有那么一点点不同了呢？期盼大家都有这种感觉。

本书能够顺利完成，承蒙各方的协助。特别要感谢野田俊作老师长年教导的恩惠。有时候我会想起老师说的话："希望你们有办法成为'井户端会议'的哲学家。"（"井户端会议"指彼此之间闲谈聊天，源于日本江户时期围在井旁洗衣服的妇女七嘴八舌地闲聊。）听到老师说这句话以后，我就下定决心成为这样的哲学家，什么样的哲学家呢，借用阿德勒的儿子，也是精神科医师的柯特·阿德勒在评论他父亲时说的话，"与坐在有扶手的椅子上，只追求观念的精英完全相反"的哲学家。

我也要感谢教导我希腊哲学的恩师藤泽令夫老师。年轻时，若没有听老师的演讲，绝对不会有本书的诞生。只是，再也没有机会请老师读这本书了，让人徒留无限的遗憾。

担任这本书编辑的木嵜正弘先生，从草稿阶段就仔仔细细地，不放过任何细节地阅读我的原稿，给了我许多有益的建言。回想起祇园祭时，我们才在京都聊他所说的"让人茅塞顿开的新鲜思想"，也就是聊阿德勒心理学聊到欲罢不能，这情景宛如昨日才发生一般。因为有木嵜先生的热忱以及努力，我才能写出这本至今我认为写得最好的书。

2010 年 3 月

岸见一郎

岸见一郎

1956 年生于京都

京都大学研究生院文学研究系博士

日本阿德勒心理学会认定顾问

哲学家

高中时便以哲学为志向，进入大学后屡次到老师府上进行辩论

1989年起致力于研究专业哲学和阿德勒心理学

同时还在精神科医院为许多青年做心理辅导

著有《阿德勒心理学入门》《被讨厌的勇气》等

译著有阿尔弗雷德·阿德勒的《阿德勒心理学讲义》

《人为何会罹患精神官能症》等

勇气的源泉：岸见一郎全解阿德勒

作者 _ [日]岸见一郎   译者 _ 郑舜珑

产品经理 _ 段冶   封面设计 _ 董歆昱   产品总监 _ 应凡

技术编辑 _ 顾逸飞   责任印制 _ 梁拥军   出品人 _ 吴畏

鸣谢

李潇

果麦

www.guomai.cc

以 微 小 的 力 量 推 动 文 明

图书在版编目（CIP）数据

　　勇气的源泉：岸见一郎全解阿德勒/（日）岸见一
郎著；郑舜珑译. —上海：上海文化出版社，2023.5
　　ISBN 978-7-5535-2719-2

　　Ⅰ.①勇… Ⅱ.①岸… ②郑… Ⅲ.①心理学—通俗
读物 Ⅳ.①B84-49

中国国家版本馆CIP数据核字（2023）第063250号

ADLER JINSEI WO IKINUKU SHINRIGAKU
©ICHIRO KISHIMI 2010
Originally published in Japan in 2010 by NHK Publishing,Inc.
Chinese (Simplified Character only) translation rights arranged with
NHK Publishing, Inc. through TOHAN CORPORATION, TOKYO
Simplified Chinese edition copyright: 2018 Shanghai Gaotan Culture Co., Ltd
All rights reserved.

本書譯文由台灣遠流出版公司授權使用

著作权合同登记号　　图字：09-2023-0240

责任编辑：郑　梅
产品经理：段　冶
装帧设计：董歆昱

书　　名：勇气的源泉：岸见一郎全解阿德勒
作　　者：岸见一郎
译　　者：郑舜珑
出　　版：上海世纪出版集团　上海文化出版社
地　　址：上海市闵行区号景路159弄A座2楼　201101
发　　行：果麦文化传媒股份有限公司
印　　刷：河北鹏润印刷有限公司
开　　本：880mm×1230mm 1/32
印　　张：8.25
插　　页：2
字　　数：163千字
印　　次：2023年5月第1版　　2023年5月第1次印刷
印　　数：1-11,000
ＩＳＢＮ：978-7-5535-2719-2/B.025
定　　价：49.80元

如发现印装质量问题，影响阅读，请联系021—64386496调换。